教育部高等学校计算机类专业教学指导委员会–华为ICT产学合作项目
物联网实践系列教材

**华为信息与网络
技术学院指定教材**

物联网 NB-IoT
开发与实践

Internet of Things
NB-IoT Development and Practice

熊保松 李雪峰 魏彪 ◉ 编著

U0276554

人民邮电出版社
北 京

图书在版编目（CIP）数据

物联网NB-IoT开发与实践 / 熊保松，李雪峰，魏彪
编著. -- 北京 ：人民邮电出版社，2020.7
物联网实践系列教材
ISBN 978-7-115-53328-9

Ⅰ. ①物… Ⅱ. ①熊… ②李… ③魏… Ⅲ. ①互联网
络－应用－教材②智能技术－应用－教材 Ⅳ.
①TP393.4②TP18

中国版本图书馆CIP数据核字(2020)第020349号

内 容 提 要

本书以 NB-IoT 实训套件为载体，采用项目化教学方式，讲解了 NB-IoT 的相关知识及其在物联网
中的重要作用。本书主要分为理论、项目和实战演练三部分。理论部分讲解了 NB-IoT 物联网架构，
并对架构中的每个节点做技术解析；项目部分由浅入深，从 NB-IoT 通信、OceanConnect 平台操作系
统到 LiteOS 的基础实战开发，使读者能够掌握 NB-IoT 物联网开发的基础知识；实战演练部分整合了
前面所学习的知识，带领读者学习 NB-IoT 的产品开发过程。

本书可作为高校物联网专业的教材，也适合具有一定单片机基础的开发者参考使用，还可作为广
大 NB-IoT 爱好者的自学用书。

◆ 编　著　熊保松　李雪峰　魏 彪
　　责任编辑　左仲海
　　责任印制　王　郁　马振武
◆ 人民邮电出版社出版发行　　北京市丰台区成寿寺路 11 号
　　邮编　100164　电子邮件　315@ptpress.com.cn
　　网址　https://www.ptpress.com.cn
　　北京七彩京通数码快印有限公司印刷
◆ 开本：787×1092　1/16
　　印张：14.25　　　　　　2020 年 7 月第 1 版
　　字数：375 千字　　　　2025 年 1 月北京第 6 次印刷

定价：49.80 元

读者服务热线：(010)81055256　印装质量热线：(010)81055316
反盗版热线：(010)81055315
广告经营许可证：京东市监广登字 20170147 号

教育部高等学校计算机类专业教学指导委员会-华为 ICT 产学合作项目
物联网实践系列教材

专家委员会

主　任　　傅育熙　上海交通大学

副主任　　冯宝帅　华为技术有限公司

　　　　　张立科　人民邮电出版社有限公司

委　员　　陈　钟　北京大学

　　　　　马殿富　北京航空航天大学

　　　　　杨　波　临沂大学

　　　　　秦磊华　华中科技大学

　　　　　朱　敏　四川大学

　　　　　马华东　北京邮电大学

　　　　　蒋建伟　上海交通大学

　　　　　卢　鹏　华为技术有限公司

秘书长　　刘耀林　华为技术有限公司

　　　　　魏　彪　华为技术有限公司

　　　　　曾　斌　人民邮电出版社有限公司

　　5G 网络的建设与商用、NB-IoT 等低功耗广域网的广泛应用推动了以物联网为核心的新技术迅猛发展。当前物联网在国际范围内得到认可，我国也出台了国家层面的发展规划，物联网已经成为新一代信息技术重要组成部分，物联网发展的大趋势已经十分明显。2018 年 12 月 19 日至 21 日，中央经济工作会议在北京举行，会议重新定义了基础设施建设，把 5G、人工智能、工业互联网、物联网定义为"新型基础设施建设"。物联网正在推动人类社会从"信息化"向"智能化"转变，促进信息科技与产业发生巨大变化。物联网已成为全球新一轮科技革命与产业变革的重要驱动力，物联网技术正在推动万物互联时代的开启。

　　我国在物联网领域的进展很快，完全有可能在物联网的某些领域引领潮流，从跟跑者变成领跑者。但物联网等新技术快速发展使得人才出现巨大缺口，高校需要深化机制体制改革，推进人才培养模式创新，进一步深化产教融合、校企合作、协同育人，促进人才培养与产业需求紧密衔接，有效支撑我国产业结构深度调整、新旧动能接续转换。

　　从 2009 年开始到现在，国内对物联网的关注和推广程度都比国外要高。我很高兴看到由高校教学一线的教育工作者与华为技术有限公司技术专家联合成立的编委会，能共同编写"物联网实践系列教材"，这样可以将物联网的基础理论与华为技术有限公司相关系列产品深度融合，帮助读者构建完善的物联网理论知识和工程技术体系，搭建基础理论到工程实践的知识桥梁。华为自主原创的物联网相关核心技术不仅在业界中得到了广泛应用，而且在这套教材中得到了充分体现。

　　我们希望培养具备扎实理论基础，从事工程实践的优秀应用型人才，这套教材就很好地做到了这一点：涵盖基础应用、综合应用、行业应用三大方向，覆盖云、管、边、端。系列教材体系完整、内容全面，符合物联网技术发展的趋势，代表物联网领域的产业实践，非常值得在高校中进行推广。希望读者在学习后，能够构建起完备的物联网知识体系，掌握相关的实用工程技能，未来成为优秀的应用型人才。

中国工程院院士　倪光南

倪光南

2020 年 4 月

随着 5G、人工智能、云计算和区块链等新技术的应用发展，数字化技术正在重塑这个世界，推动着人类走向智能社会。这些新技术与物联网技术交织、碰撞和融合，物联网技术将进入万物互联的新阶段。

目前，我国物联网正加速进入新阶段，实现跨界融合、集成创新和规模化发展。人才是产业发展的基石。在工业和信息化部编制的《信息通信行业发展规划物联网分册（2016—2020 年）》中更是强调了需要"加强物联网学科建设，培养物联网复合型专业人才"。物联网人才培养的重要性，可见一斑。

华为始终聚焦使用 ICT 技术推动各行各业的数字化，把数字世界带入每个人、每个家庭、每个组织，构建万物互联的智能世界。华为云 IoT 服务秉承"联万物，+智能，为行业"的理念，发展涵盖芯、端、边、管、云的 IoT 全栈云服务，携手行业伙伴打造 AIoT 行业解决方案，培育万物互联的黑土地，全面加速企业数字化转型，助力物联网产业全面升级。

随着产业数字化转型不断推进，国家数字化人才建设战略不断深入，社会对 ICT 人才的知识体系和综合技能提出了更高挑战。健康可持续的 ICT 人才链，是产业链发展的基础。华为始终坚持构建良性人才生态，激发产业持续活力。2020 年，华为正式发布了"华为 ICT 学院 2.0"计划，旨在联合海内外各地的高校，在未来 5 年内培养 200 万 ICT 人才，持续为 ICT 产业输送新鲜血液，促进 ICT 产业的欣欣向荣。

教材建设是高校人才培养改革的重要举措，这套教材是学术界与产业界理论实践结合的产物，是华为深入高校物联网人才培养的重要实践。在此，请让我向本套教材的各位作者表示由衷的感谢，没有你们一年的辛勤和汗水，就没有这套教材的输出！

同学们、朋友们，翻过这篇序言，你们将开启物联网的学习探索之旅。愿你们能够在物联网的知识海洋里，尽情遨游，展现自我！

华为公司副总裁　云 BU 总裁　郑叶来

2020 年 4 月

NB-IoT 通信技术的诞生，加速了整个物联网产业的发展。物联网涉及的领域很多，但如何系统地学习物联网却一直是一个难点。嵌入式开发人员不仅需要掌握嵌入式开发的相关知识，还需要有一定的平台对接知识；软件开发人员不仅需要掌握 B/S 开发的相关知识，还需要了解物联网通信协议。NB-IoT 是物联网领域一种新的通信技术，它特有的低功耗、广覆盖、低成本等优点，使其在物联网通信领域中具有一定优势。同时，这些特性也使得 NB-IoT 产品的开发过程有别于采用其他通信技术产品的开发过程。此时，一本适合嵌入式开发人员学习 NB-IoT 通信技术，并可用来进行产品开发参考的教材显得尤为重要。

本书案例所采用的"EVB_M1 实验开发套件"有别于传统的嵌入式开发板，在整体硬件设计中，考虑到 NB-IoT 的低功耗特性，套件所选用的关键元器件皆为低功耗器件。另外，"EVB_M1 实验开发套件"不板载任何传感器，需要相对应传感器时通过扩展板方式接入，使整个开发套件更接近于真实的 NB-IoT 产品模型。

本书讲解了 NB-IoT 产品开发中所需要的 NB-IoT、LiteOS、OceanConnect 理论知识及实战开发等内容，并通过"EVB_M1 实验开发套件"完成 NB-IoT 案例产品开发，其内容结构如下。

章	课程内容
第 1 章	NB-IoT 简介
第 2 章	NB-IoT 开发实验平台介绍
第 3 章	集成开发环境搭建
第 4 章	NB-IoT 基础开发实战
第 5 章	物联网平台 OceanConnect 开发实战
第 6 章	物联网操作系统 LiteOS 开发实战
第 7 章	NB-IoT 实战演练
第 8 章	NB-IoT 扩展开发

本书由熊保松、李雪峰、魏彪编著。在编写本书的过程中，编者得到了上海移远通信股份有限公司的陈峰、王成钧，以及唐妍、冷佳发等同仁的大力支持，在此一并表示诚挚的感谢！

本书还得到了相关企业的大力支持。南京厚德物联网有限公司提供了"EVB_M1 实验开发套件"，该公司的谢墩环提供了本书中的小程序和上位机软件程序，在此一并表示感谢！

本书的相关教学素材，读者可登录物联网俱乐部（www.iotclub.net）或关注微信公众号"IoTCluB"获取，也可登录人邮教育社区（www.ryjiaoyu.com）免费下载。

在本书的写作过程中，NB-IoT 通信技术仍处于发展阶段，新的技术会随时间推移逐步推向市场，读者在阅读本书时可能会遇到描述与实际不符的地方，请读者结合新的技术知识灵活使用。同时，编者也会在 www.iotclub.net 网站同步推出基于最新 NB-IoT 通信技术的资料及教程。

由于编者水平和经验有限，书中难免有欠妥之处，恳请读者批评指正。

编　者

2019 年 12 月

目 录 CONTENTS

01

第1章　NB-IoT简介

物联网（Internet of Things，IoT），顾名思义，就是把所有物品通过信息传感设备与互联网连接起来。物联网和互联网的不同之处在于，它是将万物组成一个庞大的互联网络，在物联网中，物体与人、物体与物体都可以实现相互通信。目前，物联网的发展可以分为两个阶段：第一阶段，实现人与计算机、手机间的通信功能，并且实现人与物体、物体与物体间的相互通信，从而实现数据采集监测及远程控制等基础功能；第二阶段，通过通信技术将采集到的数据传输至云端加以汇集、处理，并与大数据、人工智能结合，以更好地服务社会。物联网发展的下一阶段是让数字世界融入每个人、每个家庭、每个组织，构建万物互联的智能世界。

物联网是继通信网之后带给人们的另一个万亿级别的市场，物联网的通信技术跟随着市场的推动力而不断更新，使得物联网技术得以迅速发展。

本章将简要介绍物联网的发展历史，分析现有的物联网系统整体架构，以及物联网领域当前阶段运用的相关技术；主要介绍新一代低功耗广域网络（Low-Power Wide-Area Network，LPWAN）连接技术——窄带物联网（Narrow Band Internet of Things，NB-IoT）。本章从 NB-IoT 的发展及其关键技术出发，介绍 NB-IoT 技术的主要特性，对 NB-IoT 的系统架构及应用场景进行说明。

1.1　物联网的发展

早在 1982 年，科研工作者就提出了智能设备网络的概念，卡内基梅隆大学改造的可乐自动售货机成为当时第一台连接互联网的设备。这台可乐自动售货机能够报告其库存及新装饮料的冷却状态。

1991 年，麻省理工学院的凯文·阿什顿（Kevin Ashton）教授首次提出了物联网的概念。1999 年，在美国召开的第五届移动计算和网络国际会议上提出了"传感网是下一个世纪人类面临的又一个发展机遇"。

2005 年 11 月，在突尼斯举行的信息社会世界峰会（World Summit on the Information Society，WSIS）上，国际电信联盟（International Telecommunication Union，ITU）发布了《ITU 互联网报告 2005：物联网》，报告指出，无所不

在的"物联网"通信时代即将来临，世界上所有的物体从轮胎到牙刷、从房屋到纸巾都可以通过因特网主动进行交换。射频识别技术（Radio Frequency Identification，RFID）、传感器技术、纳米技术、智能嵌入技术将得到更加广泛的应用。

2008 年 11 月，IBM 提出了"智慧地球"的概念，即"互联网+物联网=智慧地球"，并以此作为经济振兴的发展战略。如果在基础建设的执行中植入"智慧"的理念，则不仅能够在短期内有力地刺激经济、促进就业，还能够在短时间内打造一个成熟的智慧基础设施平台。

2009 年 6 月，欧盟委员会提出"欧盟物联网行动计划"，表示将在技术层面对物联网相关研究进行持续的投入，在政府管理层面将提出与现有法规相适应的网络监管方案。

2009 年 8 月，无锡市率先建立了"感知中国"中心，同年 11 月，中国科学院、运营商、多所大学在无锡建立了中国物联网研究发展中心。物联网被"十二五"规划正式列为国家战略性新兴产业之一，在全中国受到了极大的关注。

2014 年 5 月，华为提出了窄带技术 NB M2M，为物联网通信增加了一种王牌技术。

2017 年 9 月，华为在华为全联接大会上面向全球企业市场提出了"平台+连接+生态"的企业物联网战略。基于华为对企业客户的深度理解，华为希望成为企业物联网领域的"智能平台的搭建者、多种连接方式的创新者和物联网生态的推动者"。

1.2 物联网技术解析

自物联网概念提出以来，物联网经历了近三十年的发展，其系统架构逐渐完善。物联网技术也从早期最简单的 RFID 变得复杂多样，以适应多种应用场景的需要。物联网相关的产品和产业链也日趋成熟。

本节将从物联网技术的系统架构出发，从四个层面概述其技术特征，并列举当前主要的物联网通信技术及其技术特征。

1.2.1 物联网系统架构

物联网是建立在互联网和移动通信网等网络的基础上，针对不同领域的需求，利用具有感知、通信和计算能力的智能物体获取现实世界的信息数据，并将这些对象互连，实现全面感知、可靠传输、智能处理，构建成物与物、人与物互连的智能信息服务系统。

本书将物联网的架构分为四个层次，分别为感知层（或感知控制层）、网络层、平台层和应用层，物联网的架构模型如图 1-1 所示。

1. 感知层

感知层相当于人的皮肤和五官，用于识别物体、采集信息。感知层设备为感知类的智能设备，它们由传感器、处理器芯片、通信模组及操作系统等组成。

（1）传感器是物联网中用来获得信息的主要设备，它能够把测量到的信息转换为电信号，然后由相应信号处理装置对电信号进行处理，转换成感知层终端处理器可以识别的数据。常见的传感器有温度、湿度、压力、光电等传感器。

（2）处理器芯片是指设备的主控芯片，它是整个感知层的大脑，负责协调感知层各个组件间的数据交互与处理。常用的处理器芯片一般是基于 ARM、MIPS、RISC-V 等架构设计的，常见处理器芯片设计厂家有 ST、GD、NXP、灵动（MindMotion）、海思（HiSilicon）等。

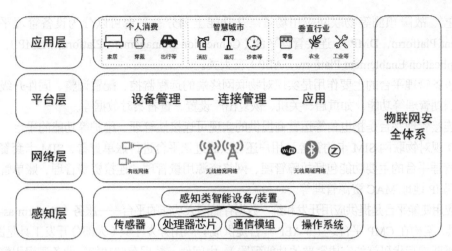

图 1-1 物联网的架构模型

（3）通信模组是感知层设备数据的传输接口设备，也是物与物相连的关键组件。通信模组的主要功能是实现设备接入网络，让感知层终端和云端实现数据通信。常见的通信模组种类有很多，如 NB-IoT、2G、3G、4G 等。

（4）操作系统是运行在感知层终端上，对终端进行控制和管理，提供统一编程接口的软件。与传统的个人计算机或个人智能终端（智能手机、平板电脑等）上的操作系统不同，物联网操作系统具备轻量级、低功耗、可裁剪等特征，能够更好地服务于物联网应用。物联网操作系统支持多种通信协议，能够使感知层终端设备与物联网的其他层次结合得更加紧密，让数据共享更加顺畅，大大提升物联网应用开发、生产的效率。本书案例中讲解的华为 LiteOS 正是一款轻量级的物联网操作系统，LiteOS 提供了丰富的端云互通组件，支持轻量化机器对机器（Lightweight Machine to Machine，LwM2M）协议、消息队列遥测传输（Message Queuing Telemetry Transport，MQTT）、数据包传输层安全性（Datagram Transport Layer Security，DTLS）协议等通信协议，并支持远程升级。

2. 网络层

网络层实现数据的汇集、处理和传输，它可以使不同的设备在不同的地点进行数据交互，是 IoT 关键的组成部分。网络层可分为有线网络、无线蜂窝网络和无线局域网络三种传输方式。

（1）有线网络包含双绞线、光纤等有线通信介质，并通过有线通信介质与运营商核心网络相连。

（2）无线蜂窝网络包含 2G、3G、4G、5G、NB-IoT、增强机器类通信（enhanced Machine Type Communication，eMTC）等，无线蜂窝网络大多由运营商负责搭建，用户可以通过运营商直接使用蜂窝网络，不需要网关作为中转。在当前的物联网环境中，应用比较广泛的蜂窝网络通信方式有 NB-IoT 和 eMTC，它们具有低功耗、低成本、大连接等优势。NB-IoT 适用于低速率上报类应用场景中，如智能表计、智慧停车、市政物联（路灯、井盖等）、环境监测等。eMTC 适用于中低速率、实时控制类应用场景中，如物流追踪、移动支付、行车卫士、智能穿戴等。

（3）无线局域网络主要包含蓝牙低能耗（Bluetooth Low Energy，BLE）、Wi-Fi、2.4G、ZigBee 等短距离通信网络，应用的主要范围为用户布控的短距离局域网。如果要将设备接入互联网络，则需要相应的网关用于转发。

3. 平台层

平台层实现对物联网终端设备的管理和维护，以及数据的存储与转发。平台具有场景化、可视化的用户界面，便于用户管理及查看设备，帮助实现设备与云端的连接，同时支持海量设备的数据收集、监控、故障预测等物联网应用场景。从功能上划分，平台可以分为设备管理平台（Data Management Platform，DMP）、连接管理平台（Connection Management Platform，CMP）、应用使能平台（Application Enablement Platform，AEP）三大类。

（1）设备管理平台的主要作用是实现对物联网终端的远程监控、配置调整、固件升级、故障排查、生命周期管理等功能，如重启、关机、恢复出厂设置、查看实时数据等。

（2）连接管理平台是指电信等运营商提供的实现可连接性管理、维护等功能的平台。连接管理平台可以实现对物联网 SIM 卡的管控，用户还可以通过该平台进行账单查看、SIM 卡套餐更改等操作。连接管理平台的主要功能包括故障管理、网络资源用量管理、连接资费管理、账单管理、套餐变更、号码/IP 地址/MAC 资源管理等。

（3）应用使能平台是提供应用开发和统一数据存储两大功能的平台——服务（Platform-as-a-Service，PaaS）工具，架构在 CMP 平台之上。AEP 平台提供成套应用开发工具（大部分开发工具是图形化的，开发者不需要编写代码就能完成需要的功能配置）、中间件、数据存储功能、业务逻辑引擎、对接第三方系统的应用程序接口（Application Programming Interface，API）等。

本书案例介绍的华为 OceanConnect 平台同时具有连接管理、设备管理和应用使能的功能，称为 IoT 联接管理平台，能够实现安全统一的网络接入、各种终端的灵活适配、海量数据的采集分析等功能，从而快速实现新价值的创造。IoT 联接管理平台不仅能够通过 Agent 简化各类终端厂家的开发流程，屏蔽各种复杂设备接口，实现终端设备的快速接入，还能够面向各行业提供强大的开放能力，支撑各行业伙伴快速实现各种物联网业务应用，满足各行业客户的个性化业务需求。

4. 应用层

应用层相当于人的大脑，负责分析和处理各种数据，实现平台层和用户界面的交互。应用层能够对感知层获得的信息进行处理，实现智能化地识别、定位、跟踪、监控和管理等功能。应用层与各行业需求结合，完成物体信息的协同、共享、分析、决策等功能，从而实现智能化、自动化的解决方案。应用层可以根据行业的特定需求进行系统开发，较为简单的应用也可以直接在 AEP 中搭建。

1.2.2 物联网通信技术

物联网通信技术经历了很多次迭代，当前的物联网通信技术已经有了较为明确的分类。2015 年，美国联邦通信委员会（Federal Communications Commission，FCC）下属的技术咨询委员会（Technological Advisory Council，TAC）网络安全工作组于一份白皮书中将物联网通信技术分为以下四类，具体内容如表 1-1 所示。

① Mobile/WAN（Wide Area Network）：移动广域网，覆盖范围大。

② WAN（Wide Area Network）：广域网，覆盖范围大，非移动技术。

③ LAN（Local Area Network）：局域网，覆盖范围相对较小，如住宅、建筑或园区。

④ PAN（Personal Area Network）：个人域网，覆盖范围从几厘米到几米不等。

表 1-1 物联网通信技术分类

物联网通信技术	组织	类型
LTE	3GPP	Mobile/WAN
GPRS	3GPP	Mobile/WAN
UMTS	3GPP	Mobile/WAN
CDMA	3GPP2	Mobile/WAN
NB-IoT	3GPP	Mobile/WAN

物联网通信技术	组织	类型
eMTC	3GPP	Mobile/WAN
LoRaWAN	LoRa Alliance	WAN
Weightless-N/W	Weightless SIG	WAN
802.11	IEEE	LAN
802.15.4	IEEE	LAN
6LoPAN	IETF	LAN
ZigBee	ZigBee Alliance	LAN
Thread	Thread Group	LAN
Z-Wave	Z-Wave Alliance	LAN
Sigfox	Proprietary	LAN
Bluetooth	Bluetooth Alliance	PAN
Bluetooth LE（BLE）	Bluetooth Alliance	PAN
NFC	NFC Forum	PAN
WAVE IEEE 1609	IEEE	PAN

物联网通信技术从传输介质上可以分为有线和无线两种。典型的有线通信方式有因特网、RS-485、控制器局域网络（Controller Area Network，CAN）总线、LIN 等；典型的无线通信方式有 Wi-Fi、蜂窝网络、NB-IoT、远距离（Long Rang，LoRa）、Sigfox、Weightless、ZigBee、蓝牙等，下面简要介绍几种无线通信方式。

1. NB-IoT

NB-IoT（窄带物联网）是可与蜂窝网络融合演进的低成本、高可靠性、高安全性的电信级广域物联网技术。NB-IoT 构建于蜂窝网络之上，采用授权频带技术以降低成本，只消耗约 180 kHz 的带宽，可以直接部署于全球移动通信系统（Global System for Mobile Communications，GSM）、通用移动通信系统（Universal Mobile Telecommunications System，UMTS）网络和长期演进技术（Long Term Evolution，LTE）网络。NB-IoT 具有四大优势：一是海量连接的能力，在同一基站下，NB-IoT 可以提供相当于现有无线技术 50~100 倍的接入数，一个扇区能够支持 10 万个连接；二是覆盖广，在同样的频段下，NB-IoT 比现有的网络提升了 20 dB，相当于提升了 100 倍的覆盖面积；三是功耗低，NB-IoT 借助节电模式（Power Saving Mode，PSM）和超长非连续接收（extended Discontinuous Reception，eDRX），可实现更长待机，它的终端模组待机时间可长达 10 年；四是成本低，不同于 LoRa，NB-IoT 不需要重新建网，射频和天线都可以复用，企业预期的模组价格不会超过 5 美元。

2. LoRa

LoRa 是一种成熟的 LPWAN 通信技术，是升特（Semtech）公司的一种基于扩频技术的低功耗超长距离无线通信技术。LoRa 可解决物联网中机器对机器（Machine to Machine，M2M）无线通信的需求。其主要在全球免费频段中运行，包括 433MHz、470MHz、868MHz、915MHz 等非授权频段的低功耗广域网接入网络技术。LoRa 基于 Semtech 公司的私有物理层技术，主要采用窄带扩频技术，使其抗干扰能力强，接收灵敏度高。LoRa 联盟（LoRa Alliance）于 2015 年 3 月建立，是一个开放的、非营利性协会，其成员包括多国的电信运营商、设备制造商、传感器生产商、半导体公司、系统集成商等。联盟成员之间分享知识和技术，共同制定 LoRaWAN 标准，并通过构建生态系统的方式推动 LoRa 的推广与普及。目前，LoRa 网络已经在世界多地进行试点。

3. Sigfox

Sigfox 公司以建设全球物联网专网为目标，成立于法国，现在已经覆盖到西班牙、法国、俄罗斯、英国、荷兰、美国、澳大利亚、新西兰、德国等几十个国家。在全国范围内有多个供应商提供 Sigfox 模组，随着技术的发展，硬件的成本不断降低，Sigfox 存在很大的期望，意图成为全球 IoT 运营商。

4. Weightless

Weightless（失重标准）是一组较早公开的物联网无线通信标准，由 Weightless SIG 主导和管理，并且免费提供给 Accenture 和 ARM 成员使用。Weightless 提供低功耗广域网的无线连接技术，专为物联网而设计，自 2012 年 12 月公布以来，已经发布了 Weightless-N、Weightless-P、Weightless-W 三项标准。

5. ZigBee

ZigBee（紫峰）源自蜜蜂群在发现花粉位置时，通过跳 ZigZag 行的舞蹈来传递信息这一现象，人们借此称呼设计了一种短距离、低复杂度、低功耗、低速率、低成本的无线网络技术。ZigBee 广泛应用于工业控制、家庭自动化、消费性电子设备、农业自动化、医用设备控制和远程控制等领域，拥有广泛的市场。IEEE 无线个人区域网（Personal Area Network，PAN）工作组的 IEEE 802.15.4 技术标准以 ZigBee 的基础制定，在数千个微小的传感器之间相互协调实现通信。

6. 蓝牙

蓝牙是一种无线技术标准，可实现固定设备、移动设备和楼宇个人域网之间的短距离数据交换，蓝牙使用的 2.4～2.485GHz 的波段，是全球范围内无须取得执照（但并非无管制的），可运用于工业、科学和医疗（ISM）等领域的短距离无线电频段。蓝牙技术最初由电信巨头爱立信公司于 1994 年创制，当时作为 RS232 数据线的替代方案，解决了多个设备的连接问题，克服了数据同步的难题。

基于现有蜂窝网络的物联网技术已经成为万物互联的重要分支，NB-IoT 在现有无线网络的基础上，为物与物之间的通信提供了更好的网络覆盖。NB-IoT 支持的更多的终端设备连接量以及更低的终端功耗满足了行业、公共、个人和家庭等领域的应用。

1.3 NB-IoT 通信技术

物联网的发展，需要一个强有力的蜂窝物联网基础网络，而 NB-IoT 无疑是一个合适的选择。2014 年，华为和沃达丰开始了窄带蜂窝物联网技术的研究，并联合高通一同制定了上行下行的通信技术标准。2015 年，以华为、沃达丰、高通等为代表的公司正式向 3GPP 组织提交窄带蜂窝物联网（Narrow Band Cellular IoT，NB-CIoT）提案。与此同时，华为也在积极推动该项技术在全球的商用试点。在同年的巴塞罗那展上，华为联合沃达丰共同演示了智能抄表的业务，并且在 MWC 上海站上联合中国联通部署了第一个基于商用网络的智能停车实验网络。

在 NB-IoT 领域，华为联合生态合作伙伴提供了端到端的解决方案，包括提供基带芯片、NB-IoT 通信模组、NB-IoT 通信终端、NB-IoT 网络通信设备以及 NB-IoT 业务管理平台等，为运营商提供了 NB-IoT 商用部署的最佳支持。

由于 NB-IoT 特殊的工作场景需求，80%以上的应用需要实现 NB-IoT 终端工作的低功耗特性，甚至在更严苛的应用场景下，NB-IoT 终端使用的电池需要工作 10 年之久。基于这类需求，华为提出了低功耗模式和非连续接收（Discontinuous Reception，DRX）等省电技术。这两种关键技术的使用，使得终端在非数据发送周期内进入深度休眠状态，延长传统的不连续接收周期，从而极大地节省了终端的功耗。

传统的 GSM 和 LTE 网络仅仅能满足 95%～99%的室外场景需求，但蜂窝物联领域对覆盖范围提出了更高的要求，通信网络在室外场景下要满足 99.5% 以上的覆盖要求。为此，华为采用高达 16 倍的重传机制通过窄带技术提升功率谱密度，并且采用独立组网（Standalone）和保护频带（Guard Band）的频谱规划方式，使得 NB-IoT 技术实现比 GSM 高出将近 20dB 的覆盖增益。良好的覆盖性能，使得 NB-IoT 成为智能抄表、智慧烟感、智慧井盖等应用的首选技术。

为了满足面向未来的物联需求，需要网络能够支持大量的连接需求。根据英国的典型话务模型，单小区就需要达到 50000 个以上的连接量。针对这个需求，NB-IoT 在端到端的设计上有针对性地采用了特殊的话务模型，使 NB-IoT 能够满足超大连接的需求。

NB-IoT 针对物理层、空口高层、接入网络、核心网等引入了各项优化特性，能够很好地满足物联网低功耗、低成本、深度覆盖的典型需求。NB-IoT 在标准体系上统一，在扩展能力上具有更大的优势，必将成为物联网技术、应用及产业链在全球的有力推动者。本节将讲解 NB-IoT 技术的发展、NB-IoT 关键技术以及 NB-IoT 物联网系统架构。

1.3.1 NB-IoT 技术的发展

NB-IoT 技术的标准化是由 3GPP 组织进行推进的，从窄带蜂窝物联网相关技术的提出到最后 NB-IoT 各项标准的冻结，经历了两年多的时间，如图 1-2 所示。

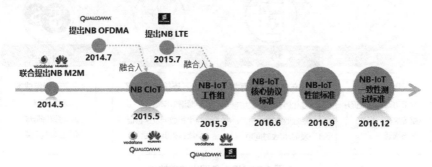

图 1-2   NB-IoT 演进历程

2013 年初，华为与相关业内厂商、运营商展开窄带蜂窝物联网发展，并起名为 LTE-M。在 LTE-M 的技术方案选择上，当时主要有两种思路：一种是基于现有 GSM 演进；另一种是华为提出的新空口。

2014 年 5 月，华为收购 Neul 公司，开始与沃达丰进行窄带蜂窝物联网技术的研究，共同向 3GPP 提出了 NB-M2M 方案。

2015 年 5 月，华为和高通联合提出了一种融合的解决方案，即上行采用 FDMA 多址方式，下行采用 OFDM 多址方式，融合之后的方案叫作窄带蜂窝物联网（Narrow Band-Cellular Internet of Things，NB-CIoT）。

2015 年 8 月 10 日，在 GSM/EDGE 无线通信网络（GSM EDGE Radio Access Network，GERAN）SI（Study Item）阶段的最后一次会议中，爱立信联合英特尔、诺基亚提出了与 4G LTE 技术兼容的 NB-LTE（Narrow Band LTE）的方案。

2015 年 9 月，在 3GPP RAN#69 会议上经过激烈讨论，各方最终达成了一致，NB-CIoT 和 NB-LTE 两个技术方案进行融合形成了 NB-IoT。

2016 年 6 月，NB-IoT 核心协议标准在 3GPP Release13 中冻结，NB-IoT 正式成为标准化的物联网协议。2016 年 9 月，完成 NB-IoT 无线性能标准制定；2016 年 12 月，完成 NB-IoT 一致性测试标准制定。

2017 年 4 月，海尔、中国电信、华为三方签署战略合作协议，共同研发基于新一代 NB-IoT 技术的物联网智慧生活方案。

2017 年 4 月底，全球移动通信系统协会发布数据，当时全球已有 4 张 NB-IoT 商用网络，同时至少有 13 个国家的 18 家运营商规划部署或正在测试 40 张 NB-IoT 网络。

2017 年 5 月，上海联通宣布 5 月底完成上海市 NB-IoT 商用网络部署。2016 年上半年，上海联通在上海国际旅游度假区建设了 15 个 NB-IoT 基站，覆盖了整个度假区，并携手华为共同发布了基于 NB-IoT 技术的智能停车解决方案。

2017 年 6 月，华为海思 NB-IoT 芯片 Boudica 120 开始大量发货，NB-IoT 技术应用进入快速发展阶段。

2018 年 12 月，中国电信实现县一级的 NB-IoT 网络信号覆盖。

2019 年 4 月，华为公布海思 Boudica120、Boudica150 的 NB-IoT 芯片出货量达 2000 万片。

1.3.2 NB-IoT 关键技术

NB-IoT 诞生于现阶段物联网的需求，具有广覆盖、低功耗、大连接、低成本四大关键技术，如图 1-3 所示。

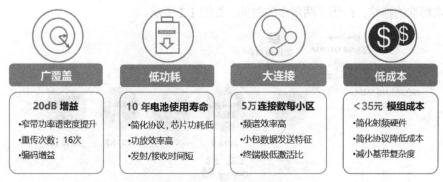

图 1-3 NB-IoT 四大关键技术

1. 广覆盖技术

NB-IoT 主要依靠两种方法实现广覆盖，包括提升上行功率谱密度和重传次数，如图 1-4 所示。

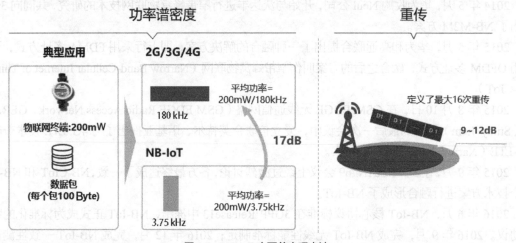

图 1-4 NB-IoT 广覆盖实现方法

NB-IoT 增益为 20dB，最大可以到 23dB，信号比 GSM 强 20dB，直观的表述为 NB-IoT 可以比

GSM 多穿透两堵墙，向地下穿透多一层。例如，假设一个 IoT 设备传输一个 100Byte 的数据包需要消耗的功率为 200mW，在 2G、3G、LTE 的方案中平均功率=200mW/180kHz（2G、3G、LTE 条件下，一条通信载波带宽约为 180kHz）；而采用 NB-IoT 方案平均功率=200mW/15kHz（NB-IoT 条件下，通常一条通信载波带宽 15kHz），可以看出采用 NB-IoT 方案的平均功率高于 2G、3G、LTE 方案的平均功率。

为了保证终端数据传输的可靠性，NB-IoT 协议设计了重传和编码增益的机制，每次重传进行编码时都会提升发射功率的增益，而 NB-IoT 协议定义了 2～16 次重传，可以提升 9～12dB 的信号增益。

2. 低功耗技术

为了让 NB-IoT 终端满足长达 10 年的通信要求，NB-IoT 协议设计了三种通信状态，分别为激活态（Connect）、空闲态（IDLE）和休眠态（PSM），使得 NB-IoT 终端功耗大大降低。

（1）激活态（Connect）为设备正常通信状态，在该状态中，终端可以进行数据的正常收发工作。此时终端的通信电流为 100～200mA，峰值电流为 300mA 左右。Connect 状态所持续的时间由终端与运营商核心网协商决定。

（2）空闲态（IDLE）下终端可收发数据，且接收下行数据会进入 Connect 状态，无数据交互超过一段时间则进入 PSM 模式。该状态持续的时间可根据情况配置。

（3）休眠态（PSM）为设备休眠状态，如果终端在进入 IDLE 状态一段时间后没有和基站交互数据，就会进入 PSM 状态。在该状态下，终端会关闭所有的数据收发通道，不能和基站交互任何信息，除非终端主动从 PSM 状态切换到 Connect 状态。PSM 状态的工作模式如图 1-5 所示。PSM 模式下 NB-IoT 通信模组的功耗仅为几微安。

为了进一步降低功耗，NB-IoT 模组设计了简化的协议栈，即将原来通信需要的长协议简化为几句短的通信，降低了通信过程的功耗。通过引入非 IP 数据类型，减少 IP 包头，降低数据传输的总长度；通过使用控制面 CP 方案传输，传输数据时可以节省大约 50%的信令开销。

NB-IoT 的低功耗技术能使得产品的续航能力大大提升，图 1-6 体现了 NB-IoT 产品在启用节电模式的情况下，续航得到了有效提升。

图 1-5　PSM 状态的工作模式

芯片

发射	120mA*
寻呼监控	50mA
寻呼状态	1mA
PSM	0.005mA
Sensor keep-alive	0.045mA

*50mA@MCL144dB

终端传感器能耗

次数 × 通信 + PSM + 传感器活跃状态

通信（MCU & 模组）	N × 0.11 mAh
PSM（每天）	0.12 mAh
保持传感器活跃状态（每天）	1.08 mAh

200Byte per report per time

电池使用寿命

=电池容量×电池损耗系数 /终端传感器能耗

电池容量	19,000 mAh
电池损耗系数	75%
报告间隔（如停车）	24 次/天
电池使用寿命	10 年

图 1-6　NB-IoT 产品启用节电模式

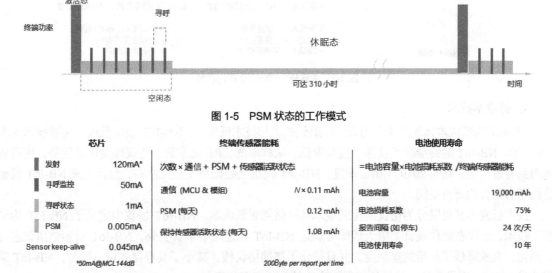

3. 大连接技术

NB-IoT 的大连接技术也是它的优势之一。NB-IoT 和移动 3G、4G 不同的是，它的终端虽多，但是各终端的话务模型发送的数据包极小，且对时延并不敏感。当前的移动 3G、4G 基站在保障用户做业务的同时需要保障时延，因此，基站用户的接入数被控制在 1000 个左右。而对于 NB-IoT 基站，为了保证更多的用户接入，运行时能够保存更多的用户上下文，这样可以让 50000 台左右的终端同时工作在一个扇区。虽然大量终端处于休眠态，但是上下文信息由基站和核心网络维护，一旦有数据发送，可以迅速进入 Connect 状态。NB-IoT 网络通信的子载波有 3.75kHz 和 15kHz 两种，当 NB-IoT 终端通信时，如果使用 15kHz 的子载波，因为 NB-IoT 的射频带宽为 200kHz，在 200kHz 带宽中前后各有 10kHz 的保护带，所以（200-10×2）/15=12 个信道，每个信道同一时刻只能有一台设备和基站进行数据通信，即一个扇区同一时刻最多只能有 12 台设备发送数据。那么基站怎么保证单扇区 50000 个的连接和工作呢？NB-IoT 按照 3GPP 规定的话务模型管理设备的连接和通信，其话务模型规定如下：

（1）40%的设备 1 天只发送一次数据。

（2）40%的设备 1 个小时只发送一次数据。

（3）15%的设备 30 分钟只发送一次数据。

（4）5%的设备 15 分钟只发送一次数据。

通过这个话务模型，让 NB-IoT 的一个基站满足了设备大连接的需求，如图 1-7 所示。

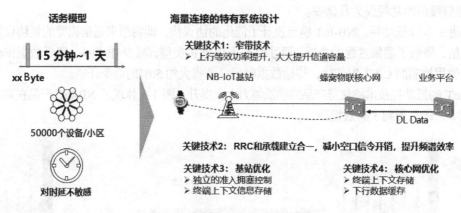

图 1-7 大连接：50000 个用户容量

4. 低成本技术

NB-IoT 的低成本体现在两个方面：模组低成本和技术低成本。NB-IoT 模组低成本关键技术如图 1-8 所示，NB-IoT 的终端模组以基带复杂度低、采样率低、RF 成本低、协议栈简化等优势，使得成本得到有效控制。截至 2019 年第二季度，NB-IoT 模组已经低至 3 美元左右，预计未来 NB-IoT 模组价格还有很大的降价空间。

技术低成本又可以分为协议简化低成本和网络部署低成本。NB-IoT 协议中定义了 NB-IoT 为半双工技术，所以在硬件设计上单天线即可满足 NB-IoT 的通信要求。另外，NB-IoT 对通信协议进行了简化，有效降低了基带的复杂度，并且简化了终端协议栈，减小了其存储容量，同时，NB-IoT 采用的是 180kHz 窄带系统，基带的复杂度也比其他蜂窝通信更低。

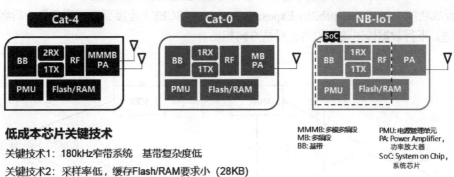

图 1-8　NB-IoT 模组低成本关键技术

低成本：终端芯片低至 1 美元，模组成本低至 3 美元

低成本芯片关键技术

关键技术1：180kHz窄带系统　基带复杂度低

关键技术2：采样率低，缓存Flash/RAM要求小（28KB）

关键技术3：单天线，半双工，RF成本低

关键技术4：协议栈简化（500KB），减少片内Flash/RAM

MMMB:多模多频段
MB:多频段
BB:基带

PMU:电源管理单元
PA: Power Amplifier,
功率放大器
SoC: System on Chip,
系统芯片

1.3.3　NB-IoT 系统架构

NB-IoT 物联网系统主要由 NB-IoT 终端、NB-IoT 基站、EPC 核心网、IoT 平台、业务应用等五大部分组成，如图 1-9 所示。本小节将详细介绍这几部分在整个 NB-IoT 系统架构中的作用。

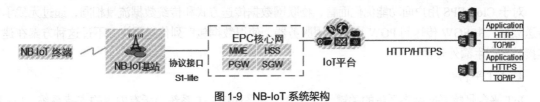

图 1-9　NB-IoT 系统架构

1. NB-IoT 终端

NB-IoT 终端包括各行业的实际应用终端，如智能水表终端、智能烟感终端、智慧农业终端等。它承载着物联网数据的采集、处理、控制和通信等功能，通过空口连接到基站将数据传输到 NB-IoT 平台。

2. NB-IoT 基站

NB-IoT 基站主要承担空口接入处理和小区管理等相关功能，并通过 S1-lite 接口与 NB-IoT 核心网进行连接，将非接入层数据转发给高层网元处理。这里需要注意的是，NB-IoT 可以独立组网，也可以与陆地无线接入网（Evolved-UMTS Terrestrial Radio Access Network，E-Utran）融合组网，依赖现有运营商基站进行部署。NB-IoT 有多种部署方式，可以采用 2G、3G、4G 网络，针对 NB-IoT 现有 LTE 系统完成复用、升级或新建。

3. EPC 核心网

EPC 核心网承担与终端非接入层交互的功能，并将 NB-IoT 业务相关数据转发到 NB-IoT 平台进行处理。EPC 核心网可以独立组网，也可以与 LTE 共用核心网。为了将物联网数据发送给应用，蜂窝物联网（Cellular Internet of Things，CIoT）在演进的分组系统（Evolved Packet System，EPS）中定义了两种优化方案：CIoT EPS 用户面功能优化和 CIoT EPS 控制面功能优化。

如图 1-10 所示，实线表示 CIoT EPS 控制面功能优化方案，虚线表示 CIoT EPS 用户面功能优化方案。对于 CIoT EPS 控制面功能优化，上行数据从 eNB（CIoT RAN）传送至移动管理节点（Mobility Management Entity，MME），在这里传输路径分为两个分支：一是通过服务网关（Serving Gateway，

SGW）传送到 PDN 网关（PDN Gateway，PGW）再传送到应用服务器（CIoT Services）；二是通过服务能力开放功能（Service Capability Exposure Function，SCEF）连接到应用服务器，后者仅支持非 IP 数据传送。下行数据传送路径相同，只是方向相反。

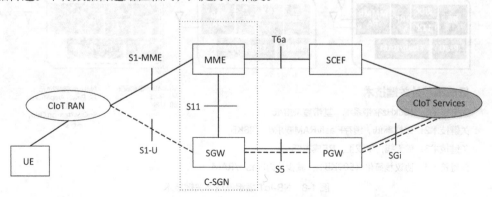

图 1-10　CIoT EPS 的两种优化方案

控制面功能优化方案无须建立数据无线承载，数据包直接通过信令无线承载传送极适合非频发的小数据包传送。SCEF 是专门为 NB-IoT 引入的，它用于在控制面上传送非 IP 数据包，并为鉴权等网络服务提供一个抽象的接口。

对于 CIoT EPS 用户面功能优化而言，物联网数据传送方式和传统数据流量相同，通过无线承载传送数据，由 SGW 传送到 PGW 再到应用服务器，使得数据包序列传送更快，不过这种方案在建立连接时会产生额外开销。

4. IoT 平台

IoT 平台是物联网生态系统的关键组成部分，它是连接 IoT 系统中所有内容的支持系统。IoT 平台主要有以下几个功能。

- 设备管理；
- 接口通信协议；
- 规则引擎；
- 快速应用程序开发和部署；
- 与其他 Web 服务集成；
- 安全保证。

这些功能的重要程度取决于每个项目的实际业务场景。下面简要介绍这些功能在实际场景中所具备的意义。

（1）设备管理

IoT 平台最为核心的功能就是管理平台上的设备，以及每个设备的生命周期。IoT 平台提供了设备的注册、配置和远程更新等功能。借助 IoT 平台的设备管理功能，工作人员可以方便地监测设备状态、警报情况、设备健康等统计信息，如图 1-11 所示。

（2）接口通信协议

在 IoT 设备与 IoT 平台之间，以及 IoT 平台与用户应用程序之间，接口通信协议是不可或缺的。尽管有一些数据可以存储在本地并加以处理，但 IoT 终端收集到信息之后，更重要的任务是将其传递出去供管理和分析使用，为了能让接收方识别信息的内容，使用相同的接口通信协议就显得尤为重要。

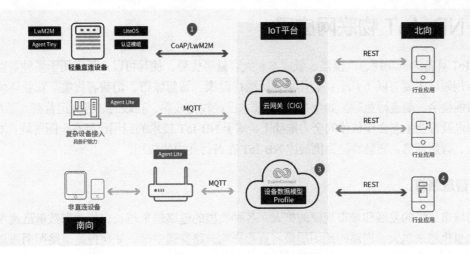

图 1-11　IoT 平台的设备管理功能

　　IoT 平台为开放式的云平台，支持直连设备和非直连设备场景下的各种连接方式，具有跨硬件平台、跨操作系统、高性能、结构标准、易于扩展等特性。为满足各种应用的系统需求，平台提供了专用的北向接口和南向接口，并提供应用程序接口，使设备及其他平台方便地连接和管理。

　　① 南向接口是管理其他厂家网管或设备的接口，即向下提供的接口，南向接口能够对上行通道和底层设备上报的信息进行统一监控和统计，还可以通过下行通道对网络设备进行统一控制。南向接口使用的通信协议通常为 LwM2M、CoAP、MQTT 等。

　　② 北向接口是提供给其他厂家或运营商进行接入和管理的接口，即向上提供的接口。北向接口是向上层业务应用开放的接口，使得业务应用能够便利地调用底层的网络资源。北向接口一般使用 HTTP、HTTPS 等通信协议。

　　（3）规则引擎

　　规则引擎是指用户可以对平台接入的设备设定相应的规则，在条件满足规则时，平台会触发相应的动作来满足用户需求，包含设备联动和数据转发两种类型。

　　（4）快速应用程序开发和部署

　　IoT 平台提供了多种应用开发案例，开发者可以根据需求进行案例实践，掌握更多的实践经验。IoT 平台通过一些图形化的开发界面，配备了详细的使用说明书，给开发者提供了更便捷的开发、部署体验。

　　（5）与其他 Web 服务集成

　　IoT 平台为开发者提供了多种 API 以及相应的使用说明。第三方应用首次访问平台的开放 API 时，需调用 API 完成接入认证，经过认证后，可以直接调用 API 完成项目需求。

　　（6）安全保证

　　全面的安全防御系统可以为 IoT 服务保驾护航。在网络侧，平台提供防海量浪涌风暴的能力，防止恶意攻击，保证设备可靠接入。在云端，平台提供云端检测与隔离、大数据安全防护技术，防止数据被恶意破坏和泄露，充分保护个人隐私。

　　5. 业务应用

　　业务应用一般是指应用服务器，它是通过各种协议把商业逻辑提供给客户端的程序。在 NB-IoT 场景中，应用服务器对应的是 IoT 平台北向上层的多个应用，应用服务器可以实现每个应用对应的数据解析、存储、展示、数据下发等功能。

1.4 NB-IoT 物联网应用

NB-IoT 具备的低功耗、广覆盖、低成本、大容量等优势，使其可以广泛应用于多种垂直行业。常见的应用领域主要有以下几个：公用事业、医疗健康、智慧城市、消费者终端、农业环境、物流仓储、智能楼宇、制造行业等。如今 NB-IoT 技术已经较为成熟，在政府、各大运营商、芯片厂商、模组厂商以及行业生态合作伙伴的全力推动下，基于 NB-IoT 技术的应用已经在全国落地。本节将以智慧路灯、智慧烟感、智慧冷链为例简述 NB-IoT 在各行业中的应用。

1.4.1 智慧路灯

随着城市经济的发展和城市规模的扩大，各种类型的道路越来越长，机动车数量迅速增加，夜间交通流量也越来越大，道路的照明质量将直接影响道路交通安全。如何提高道路照明质量、自动调整照明时间、降低能耗实现绿色照明已成为城市照明的关键问题。道路照明的首要任务是在节约公共能源的基础上，提供及时的照明调整和安全舒适的照明亮度，达到减少交通事故、提升交通运输效率的目的。由于基础设施等条件的限制，目前普遍缺少的是路灯集的通信链路，一般只能对整条道路进行统一控制，无法精确监测和控制每一盏路灯。

NB-IoT 智能路灯可实现单灯精确控制和维护，还可根据季节、天气、场景变化灵活控置路灯开/关及亮度，相对传统的路灯能节省 10%～20%的电能损耗。使用 NB-IoT 智能路灯方案后，路灯运营方无须人工巡检，可远程检测并定位故障，结合路灯运行历史进行生命周期管理，更能有效降低 50%的运维成本。基于 NB-IoT 的智慧路灯解决方案如图 1-12 所示。

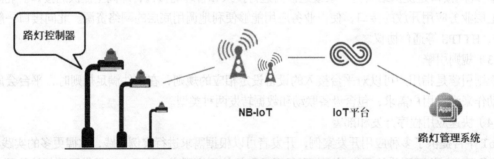

图 1-12　基于 NB-IoT 的智慧路灯解决方案

NB-IoT 智能路灯利用运营商网络，路灯即插即用，并通过"一跳"的方式将数据传到路灯管理云平台，使用运营商网络节省了后期的网络维护成本，网络的覆盖质量和优化也由运营商负责，更能提升开发、运营效率。

1.4.2 智慧烟感

基于 NB-IoT 的智慧烟感解决方案如图 1-13 所示，智慧烟感解决了传统烟感布线难、电池使用寿命短、维护成本高、无法与业主及消防机构交互等问题。智慧烟感采用无线通信，具备即插即用、无需布线、易于安装等特点；智慧烟感的功耗极低，通常情况下一台智慧烟感的待机时长可达 10 年，不需要频繁地更换电池，有效降低了维护成本。

智慧烟感能实时上报火灾状况，能够及时通知火警状态，减少财物损失，同时可接入大数据平台，帮助政府决策，治理消防隐患。

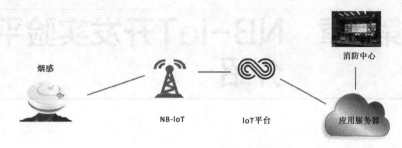

图 1-13　基于 NB-IoT 的智慧烟感解决方案

1.4.3　智慧冷链

基于 NB-IoT 的智慧冷链解决方案如图 1-14 所示。智慧冷链基于运营商的 NB-IoT 网络，网络覆盖范围广并可支持全球漫游，可以保证监控信号全程覆盖。智慧冷链终端功耗低，电池待机时间一般可达一年，可支持医疗物品等的远距离运输。

图 1-14　基于 NB-IoT 的智慧冷链解决方案

NB-IoT 技术可监测温度、位置，以及运输箱的闭合状态等信息并实时上报；在远距离运输中，可以避免昂贵药品等物品变质、遗失等带来的大额损失。

1.5　本章小结

本章介绍了物联网相关技术及物联网的发展。在众多的物联网通信技术中，NB-IoT 相对于 LoRa、蓝牙、Wi-Fi 等通信技术具备更方便的部署方式，且相对于蜂窝网络中的 2G、3G、4G 具备更好的高连接和低功耗特性。在 LPWAN 场景下，NB-IoT 具有明显的技术优势，目前在智慧路灯、智慧烟感、智慧冷链等多个领域中得到了应用。

由于 NB-IoT 通信方式具有大连接、低功耗、低成本、广覆盖等特性，再加上国家的大力支持，成为了当前阶段最为盛行的物联网通信方式。

第2章 NB-IoT开发实验平台介绍

NB-IoT的整个框架包含硬件终端、基站、核心网及物联网平台,而硬件终端是NB-IoT通信的起点,学习NB-IoT通信技术,一个好用的硬件终端实验环境就显得尤为重要。本书所用的NB-IoT硬件终端实验平台是基于"物联网俱乐部"设计开发的EVB_M1开发实验平台。

EVB_M1开发实验平台是一款使用NB-IoT通信技术的物联网案例型实验平台。EVB_M1开发实验平台上没有集成传感器,传感器需采用扩展板的形式接入,这样设计的优点是留给开发者更多的选择空间,开发者可以根据自己的应用场景选择需要接入的传感器扩展板。

本章主要介绍EVB_M1开发实验平台,包括硬件资源及原理图详解。

2.1 EVB_M1开发实验平台硬件资源

本节主要介绍本书使用的EVB_M1开发实验平台的硬件资源,了解硬件资源能够更快地熟悉实验平台的功能,合理利用这些功能能够实现产品原型的快速开发和方案验证。

2.1.1 EVB_M1开发实验平台介绍

EVB_M1开发实验平台如图2-1所示,主要包含主板、传感器扩展板及开发必备配件等。该实验平台适用于多个领域,如智慧农业、智慧消防、智慧物流、智能家居等,开发者能够使用该实验平台在这些领域中快速上手开发。

EVB_M1开发实验平台所提供的部分模块如下。

① 烟感扩展板。
② GPS扩展板。
③ EVB_M1主板。
④ 温湿度扩展板。
⑤ 光强扩展板。

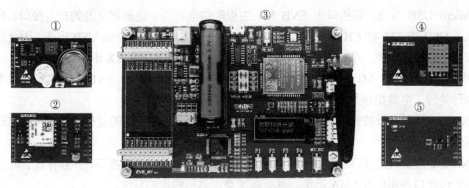

图 2-1 EVB_M1 开发实验平台

其中③为 EVB_M1 开发实验平台的主板，是硬件终端进行数据处理、NB-IoT 通信的核心部件，以下简称为"EVB_M1 主板"，该主板在每个 NB-IoT 实验中都需要用到。另外，每个扩展板都是针对不同的需求设计的，针对不同的案例可以选择不同的扩展板，并尽可能地与实际应用场景的功能接近，快速完成 NB-IoT 应用开发。例如，智能烟感实验只需要①、③搭配、智慧路灯实验只需要⑤、③搭配……具体案例将在第 7 章中讲解。

2.1.2 EVB_M1 主板介绍

EVB_M1 主板集成了 NB-IoT 通信模组、微控制单元（Microcontroller Unit，MCU）、锂电池电源管理电路、OLED 显示屏等部件，整体设计考虑了 NB-IoT 的低功耗特性，该主板具备功耗测量接口，增加测量模块即可实现功耗测量功能。

此主板采用可添加扩展板设计，开发者可根据需求接入不同传感器，便于实现自主设计，以快速完成 NB-IoT 应用的开发。

EVB_M1 主板的板载资源位图如图 2-2 所示，编号对应的板载资源功能介绍如下。

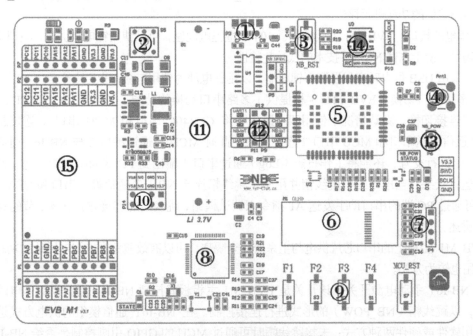

图 2-2 EVB_M1 主板的板载资源位图

① Micro USB 母座：该接口为 EVB_M1 主板的供电接口，也是锂电池的充电接口。EVB_M1 主板板载了 USB 转 TTL 的 CH340 芯片，芯片的 USB 协议引脚与此 Micro USB 相连，因此该接口还具备串口数据通信的功能，串口通信部分和⑫的 CH340_TX、CH340_RX 串口对应。

② 电源开关：EVB_M1 主板板载了自锁电源开关，用于控制整个 EVB_M1 主板的供电状态，打开电源开关后，电源指示灯会随之发生变化，指示当前供电状态。

③ NB-IoT 模组复位按键：该按键主要用于控制板载 NB-IoT 模组的复位功能，在模组升级及单独调试模组时使用。

④ NB-IoT 通信天线接口：EVB_M1 主板板载了 NB-IoT 通信天线接口，并且在设计时提供了匹配电路，天线接口使用标准 SMA 母头，具有高增益、信号稳定的特性。

⑤ NB-IoT 通信模组：NB-IoT 通信模组采用移远通信 BC35-G 全频段 NB-IoT 模组，内部芯片采用华为海思 Hi2115 芯片。

⑥ OLED 显示屏：EVB_M1 主板板载了 0.91 英寸的 OLED 单色显示屏，用于进行人机交互时显示用户数据。

⑦ 串行调试（Serial Wire Debug，SWD）接口：用于为 MCU 下载仿真，可接 ST-LINK、J-Link 等调试工具，对 MCU 进行程序烧录和仿真调试。

⑧ MCU：EVB_M1 主板板载了一个低功耗、高性能、LQFP64 封装的处理器，型号为 STM32L431RCT6，该处理器拥有 64KB 的 SRAM 和 256KB 的 Flash 空间，能够满足市场上绝大多数操作系统和应用的存储及运行需求。

⑨ 自定义按键：EVB_M1 主板板载了四个自定义按键（F1、F2、F3、F4），可以用于人机交互时的按键输入，用户可以通过编程实现所需功能。

⑩ 功耗测试预留口：EVB_M1 主板预留了一个功耗测试接口，该接口在默认情况下使用一个跳线帽连接 V3.3 和 V3.3*，给 EVB_M1 主板提供 3.3V 的电源供应。取下跳线帽，插上与 EVB_M1 主板配套的功耗实时显示模块，即可实时查看 EVB_M1 主板上当前的电流和电压大小，也可接入功耗测试仪器对整板的功耗进行评估。

⑪ 锂电池接口：EVB_M1 主板板载了 10440 型锂电池座，可以使用锂电池供电，模拟实际应用的供电场景，便于测试 NB-IoT 技术的低功耗特性。

注：采用 USB 供电时应尽量取下锂电池，以延长电池的使用寿命，也更安全。

⑫ 多路串口切换：EVB_M1 主板提供了多路串口切换的功能，可实现 PC、MCU、NB-IoT 间的串口连接切换。默认情况下使用四个跳线帽将 CH340C 串口和 MCU 串口 1 连接起来，将 NB-IoT 通信模组串口和 MCU 串口 2 连接起来。此时 MCU 能通过串口 2 与 NB-IoT 通信模组使用 AT 指令进行交互，还能将工作日志（Log）通过串口 1 输出到 PC 端的串口助手上，方便观察程序的运行状态。当取下四个跳线帽并用两个跳线帽连接 NB-IoT 通信模组串口和 CH340C 串口时，即可通过 PC 端的串口助手发送 AT 指令来调试模组，跳线帽的连接方式在 4.1 节的具体实验中详细讲述。

EVB_M1 主板上的串口芯片供电与主系统完全隔离，可以有效避免系统漏电导致的功耗测试偏差，使用也较为方便。

⑬ NB-IoT 手动电源开关：该开关是 EVB_M1 主板板载控制 NB-IoT 通信模组供电的硬件控制开关，以跳线帽（NB_POW）的形式进行连接控制。在 NB-IoT 通信模组的供电方式选择上，可以采用软件或硬件两种方式：未接跳线帽时可通过 MCU 的 GPIO 引脚控制是否给 NB-IoT 通信

模组供电；如果没有写 GPIO 控制模组供电的代码，接上跳线帽后可直接给 NB-IoT 通信模组供电，可以使用跳线帽的连接方式给 NB-IoT 模组供电。供电成功后，模组的蓝色 NB_POW STATUS 灯会点亮。

⑭ SIM 卡：EVB_M1 主板提供了贴片式 SIM 卡的预留位置，背面也可以插入普通 SIM 卡。两者通过 R18、R19、R20 这三个电阻切换选择，当 R18、R19、R20 焊接 0Ω 电阻时（需将卡槽内的 SIM 卡拔出），NB-IoT 通信模组使用贴片 SIM 卡；当 R18、R19、R20 留空时（不焊接 0Ω 电阻），NB-IoT 通信模组使用普通 SIM 卡。

⑮ 扩展板接口：通过该接口，EVB_M1 主板可与扩展板相结合，实现 NB-IoT 的扩展开发。

2.2　EVB_M1 主板原理图详解

本节主要介绍 EVB_M1 主板的原理图，通过原理图来熟悉 EVB_M1 主板上各单元的电气连接，进一步了解 EVB_M1 主板的工作原理。

1. MCU 基础电路

EVB_M1 主板的主控芯片是一款超低功耗的单片机 STM32L431RCT6，外接 32.768kHz 的低速晶振和 8MHz 的高速晶振，为芯片提供外部的时钟源。BOOT0 通过外接 100kΩ 电阻接地，是为了从用户闪存启动程序。MCU 的基础电路如图 2-3 所示。

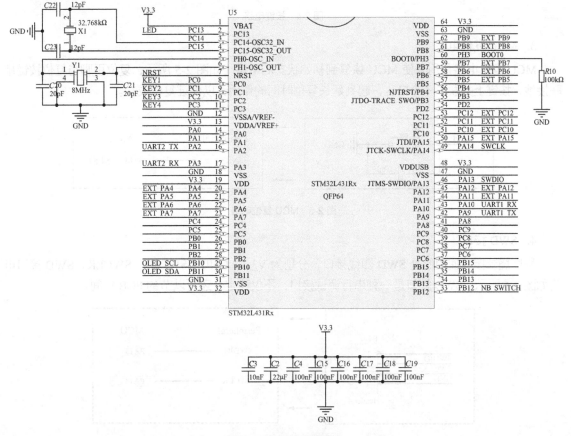

图 2-3　MCU 的基础电路

2. 按键电路

按键作为人机交互的接口，可以为系统输入特定命令。EVB_M1 主板采用独立按键，系统响应较快，如图 2-4 所示。EVB_M1 主板可通过软件编程用 GPIO 接口扫描或者中断方式实现键值识别，用户也可以通过自己编写按键功能实现对项目工程的控制。

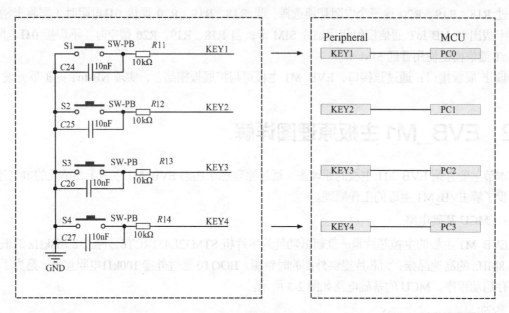

图 2-4　按键电路

3. MCU 复位电路

MCU 复位电路是用来使 MCU 恢复到初始状态的电路。如图 2-5 所示，复位引脚与复位按键串联接地，按键上并联了一个电容，起到延长复位时间的作用，以保证复位成功。

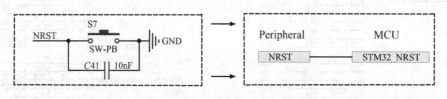

图 2-5　MCU 复位电路

4. SWD 接口

程序烧录接口使用的是 SWD 四线接口，分别为 V3.3、GND、SWDIO、SWCLK，SWD 接口电路如图 2-6 所示。SWD 接口是一种串行调试接口，不仅稳定，还可以节约 PCB 空间。

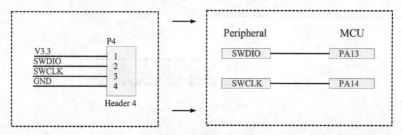

图 2-6　SWD 接口电路

5. LED 灯

为了方便项目开发调试及查看设备运行状态，EVB_M1 主板预留了一个 LED 灯，供用户编写代码设置状态使用。该 LED 灯连接 MCU 的 PC13 引脚，其电路如图 2-7 所示。当 PC13 引脚输出高电平时，会点亮 LED 灯。

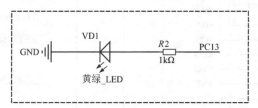

图 2-7　LED 灯电路

6. USB 电平转换电路

USB 电平转换电路用于 MCU 和 PC 通信的场景中。PC 的通信接口为 USB 接口，相应的电平逻辑需要遵循 USB 电平规则；而 MCU 的串行通信接口是串口，相应电平需要遵循 TTL 原则，这两者的电平完全不匹配。为了使两者可以互相通信，就需要一个电平转换器，EVB_M1 主板上使用了 CH340C 芯片作为转换器，USB 电平转换电路如图 2-8 所示。CH340C 内部集成了晶振的功能，外围只需要接很少的元器件即可实现 USB 电平与 TTL 电平之间的转换，使用非常方便，被广泛运用在 USB 转 TTL 工具上。

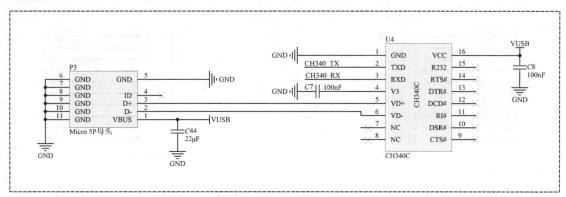

图 2-8　USB 电平转换电路

7. OLED 显示屏电路

显示模块用于向用户显示系统状态、参数或者要输入系统的功能。为了展现良好的视觉效果，该模块使用了 SSD1306 驱动的 OLED 显示屏，分辨率为 128×32。SSD1306 芯片专为共阴极 OLED 面板设计，嵌入了对比控制器、显示 RAM 和晶振，并减少了外部器件和功耗，达到了 256 级亮度控制。

这款 OLED 使用基于 IIC 协议的通信接口（以下简称 IIC 接口），由于 IIC 接口空闲时引脚要上拉，因此电路图中 MCU 的 IIC 接口引脚连接了 10kΩ 电阻上拉，OLED 显示屏电路如图 2-9 所示。

8. 扩展板接口

EVB_M1 主板通过 2×10 间距为 2.54mm 的排针引出 15 个接口供用户开发使用。这些 I/O 口具备 UART、SPI、IIC、ADC、DAC、CAN 等硬件接口协议，开发者可通过编写代码使能这些接口。扩展板接口还引出了 3.3V 和 5V 的电源接口，通过电源接口给外部供电，可以满足不同传感器的供电需求，其电路如图 2-10 所示。

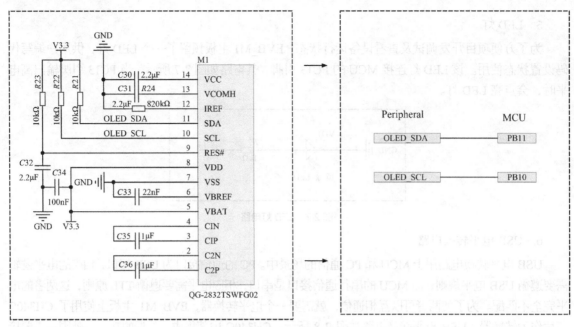

图 2-9 OLED 显示屏电路

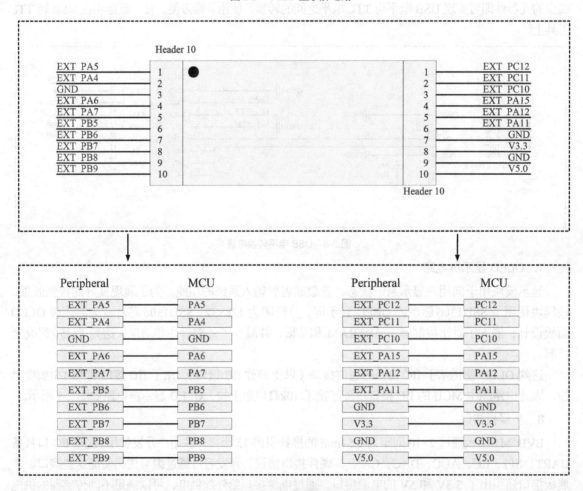

图 2-10 扩展板接口电路

9. 串口选择电路

串口选择电路是一个 2×4 的排针，通过跳线帽连接针脚实现电路的连接，如图 2-11 所示。此电路中 UART1 为单片机日志输出接口，NB_AT 为 NB-IoT 通信模组的 AT 指令交互的接口；CH340 为 USB 转 TTL 芯片的串口；UART2 为 MCU 与 NB-IoT 通信模组的 AT 指令交互的串口。当需要用 PC 端调试模组时，只用跳线帽连接 CH340 和 NB_AT 即可；当需要实现实际案例的开发时需要连接 NB_AT 与 UART2，通过 MCU 与通信模组实现 AT 交互，此时 CH340 串口处于悬空状态，为了避免资源的浪费，可以连接 CH340 串口与 UART1，用于输出 MCU 的工作日志。

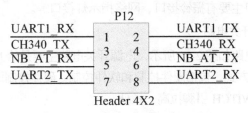

图 2-11　串口选择电路

10. NB-IoT 模块电路

NB-IoT 模块电路如图 2-12 所示，包括天线部分、复位电路、通信接口等其他接口。

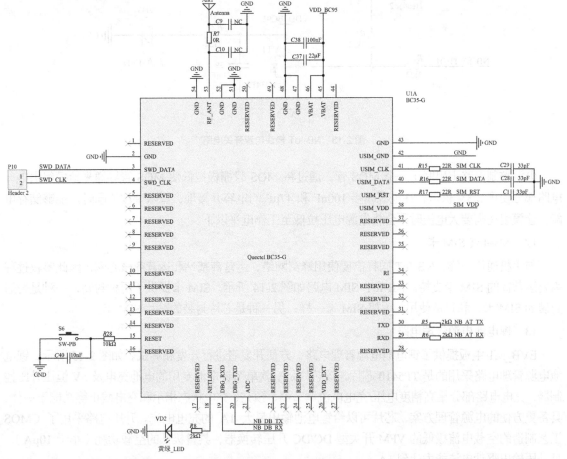

图 2-12　NB-IoT 模块电路

23

（1）天线部分：将天线接口从模组接出后经 π 型电路接入 SMA 天线。

（2）复位电路：模组调试过程中设置了参数需要复位模组时，可使用复位电路对模组进行复位。

（3）通信接口：NB-IoT 模组主要有主串口、DEBUG 串口、SWD 接口三种通信接口，开发时主要使用的是主串口。主串口是 MCU 和模组通信的接口，主串口由模组引出之后接在排针上，可通过跳线帽选择连接 MCU 还是 CH340。DEBUG 串口用于输出工作日志，非调试模组一般不使用该接口。SWD 接口是模组的固件烧录接口，但是目前模组仅使用主串口即可完成固件升级，因此该接口使用次数较少。

NB-IoT 模组的其他接口主要有振铃接口、网络指示灯接口等。

11. NB-IoT 模块电源开关电路

NB-IoT 模块电源开关电路如图 2-13 所示，电源开关电路主要是给 NB-IoT 模组提供工作时的电源控制，该电路有两种控制方式，包括硬件控制和软件控制。硬件控制即通过跳线帽将 P6 连接；软件控制即通过使能 BC95_SWITCH 引脚拉高、拉低。

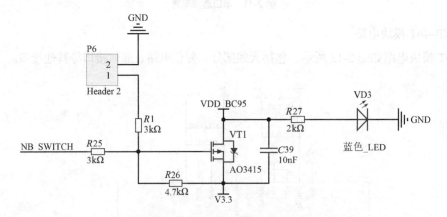

图 2-13　NB-IoT 模块电源开关电路

电源控制电路上串联了一个 MOS 管，通过将 MOS 管栅极拉低使 MOS 管导通来给模组供电，电路部分使用 3.3V 供电，在电源端接 100nF 和 47μF 的电容并接地，滤除杂波的同时还能够储存电能，让模组在需要大电流时不会将电源电压拉低至工作电平以下。

12. NB-IoT SIM 卡

与手机通信一样，NB-IoT 同样需要使用蜂窝网络、运营商基站和运营商核心网，因此鉴权过程需要运营商的 SIM 卡支持。NB-IoT SIM 电路如图 2-14 所示。SIM 卡提供了两种封装，一种是普通封装的 SIM 卡，和日常使用的手机 SIM 卡一样；另一种是芯片封装的贴片 SIM 卡。

13. 锂电池电源管理电路

EVB_M1 主板提供了锂电池电源管理电路，方便开发者进行开发和调试。如图 2-15 所示，锂电池电源管理电路采用的是 TP5410 芯片，该芯片是一款单节锂电池专用的电池充电及 5V 恒压升压控制器，充电电路部分集高精度电压/充电电流调节器、预充、充电状态指示和充电截止等功能于一体，具备更方便的电源管理方案，芯片可以给锂电池输出最大 1A 的充电电流。升压电路采用了 CMOS 工艺制造的空载电流极低的 VFM 开关型 DC/DC 升压转换器，具备极低的空载功耗（小于 10μA），且升压输出驱动电流能力达到 1A。

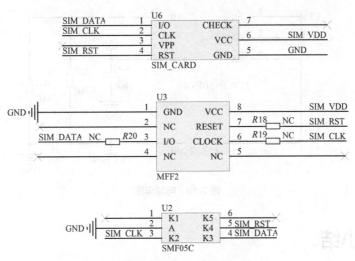

图 2-14　NB-IoT SIM 卡电路

在图 2-15 所示的 TP5410 电路中，VUSB 为 USB 接口提供的总电压；BAT_VCC 为锂电池充电电压，该引脚接锂电池；VOUT 引脚输出+5V 电压，该电压可由锂电池升压产生，供后续电路使用。

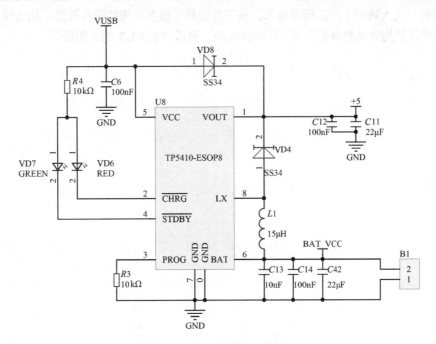

图 2-15　锂电池电源管理电路

14. 电源电路

锂电池电源管理电路为 EVB_M1 主板提供了 5V 的电源供应，而 EVB_M1 主板中多数元器件可采用 3.3V 供电，因此使用 TLV62565DBVR 作为 3.3V 稳压器芯片。

TLV62565DBVR 是一款高效率脉冲宽度降压型 DC/DC 转换器。输入电压为 2.7~5.5V，输出电压可调范围为 0.6V~VIN，输出电流可以达到 1.5A。在这里提供的电路中将输出调节至 3.3V，让 EVB_M1 主板正常工作，电源电路如图 2-16 所示。

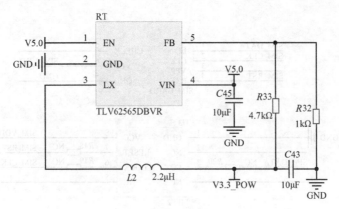

图 2-16　电源电路

2.3　本章小结

工欲善其事，必先利其器，一款好的实验平台能够让开发者更快地完成项目实践。

本章主要介绍了 EVB_M1 平台的主要组成部分，并讲解了硬件电路原理。EVB_M1 平台是典型的基于 NB-IoT 应用场景的开发套件，采用的是底板+扩展板的形式，能够根据不同的应用场景更换不同的扩展板，大大减少了产品研发成本。该平台板载了很多优秀的硬件资源，如实现人机交互的显示器和按键以及用锂电池电源管理芯片和锂电池，更适合 NB-IoT 的应用场景。

第3章　集成开发环境搭建

　　搭建集成开发环境是开发工作的基础，在进行端云协同系统的开发前，必须掌握开发环境搭建的方法。本章介绍设备端程序开发工具 MDK、设备端程序辅助开发工具 STM32CubeMX、调试工具 QCOM 等软件的安装及开发环境配置，最后介绍华为 IoT 平台的账号获取和华为云服务器环境的配置。

3.1　MDK 安装及开发环境配置

　　本节将先简要介绍微控制器开发工具（Microcontroller Development Kit，MDK），再介绍 MDK 软件以及芯片支持包（Pack）的安装，最后介绍程序烧录和仿真设备 ST-Link 所需驱动的安装及软件配置。

3.1.1　MDK 介绍

　　MDK 即 MDK-ARM，是 ARM 公司收购 Keil 公司以后，基于 µVision 集成开发环境（Integnated Development Environment，IDE）推出的针对 ARM 处理器的嵌入式开发环境。MDK-ARM 集成了业内最领先的技术，包括 µVision5 IDE 与 ARM RVCT 编译器。它支持 ARM7、ARM9 和最新的 Cortex-M4/M3/M1/M0 处理器，能自动配置启动代码，集成 Flash 烧写模块，具有强大的设备模拟、性能分析等功能，与 ARM 之前的工具包 ADS 等相比，RVCT 编译器的最新版本可提升超过 20%的性能。

　　MDK 适合不同层次的开发者使用，包括专业的嵌入式开发工程师和嵌入式开发的入门者。如图 3-1 所示，MDK5 由两个部分组成：MDK 开发工具链（MDK Tools）和包安装器（Software Packs）。其中，Software Packs 可以独立于 MDK 开发工具链进行新芯片支持和中间库的升级。

　　MDK Tools 分成两个部分：MDK-Core 和 ARM 编译器（ARM C/C++ Compiler）。MDK-Core 为开发工具链的核心部分，包括 µVision IDE 和调试器（Debugger），µVision IDE 从 MDK 4.7 版本开始加入了代码提示和语法动态检测等实用功能，相对于以往的 IDE 改进很大。

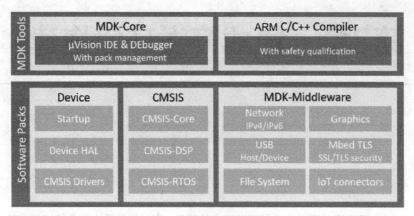

图 3-1　MDK5 组成部分

Software Packs 分为三个部分：芯片支持（Device）、Cortex 微控制器软件接口标准（Cortex Microcontroller Software Interface Standard，CMSIS）和中间库（MDK-Mdidleware）。通过 Software Packs 可以安装最新的组件，从而支持新的器件、下载新的设备驱动库及最新例程等，帮助工程师加快嵌入式应用程序的开发。

3.1.2　MDK 安装

（1）从 Keil 软件的官网下载 MDK，以管理员身份运行安装程序，单击"Next"按钮，如图 3-2 所示。

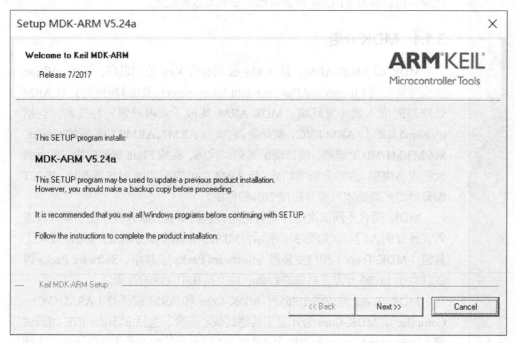

图 3-2　运行 MDK5 安装程序

（2）勾选"I agree to all the tems of the preceding License Agreement"复选框，同意该软件的相关安装协议，单击"Next"按钮，如图 3-3 所示。

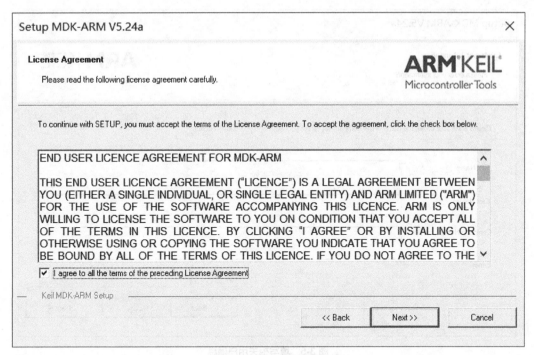

图 3-3　同意安装协议

（3）选择安装路径，可以使用默认路径，也可以自定义安装路径，单击"Next"按钮，如图 3-4 所示。

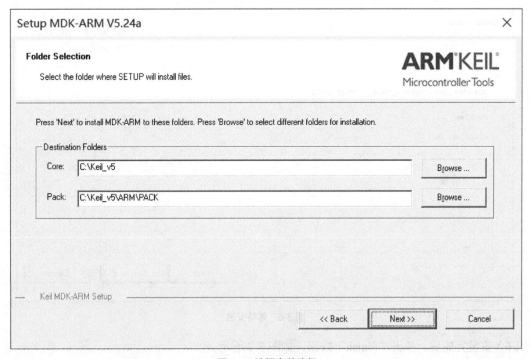

图 3-4　选择安装路径

（4）填写相关用户信息，单击"Next"按钮，如图 3-5 所示。

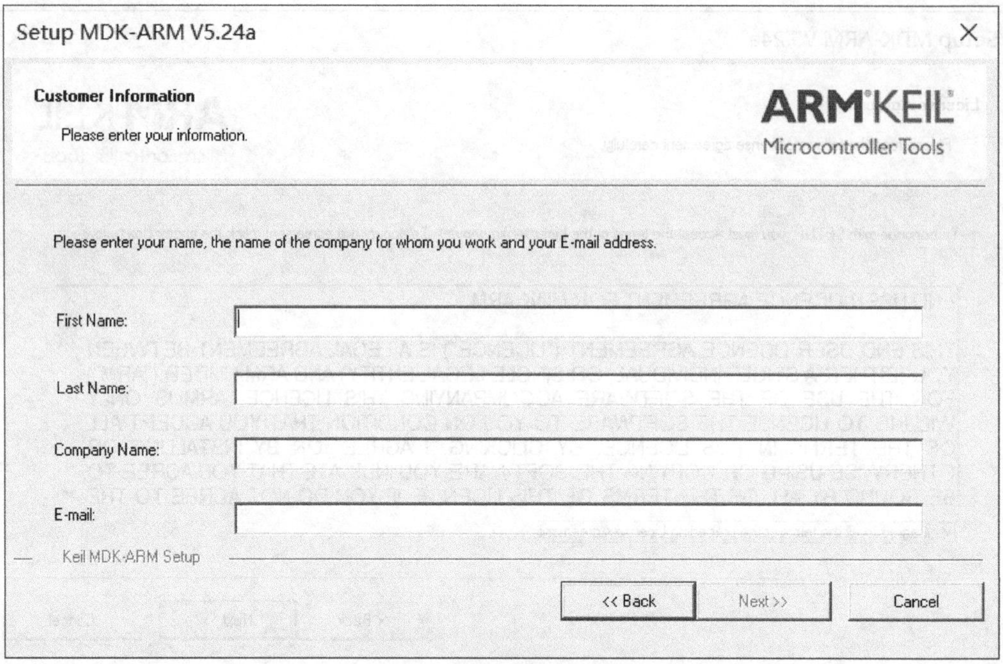

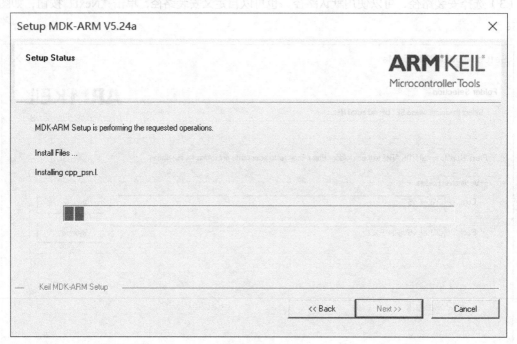

图 3-5　填写相关用户信息

（5）等待安装完成即可，如图 3-6 所示。

图 3-6　等待安装

（6）安装完成后，单击"Finish"按钮，如图 3-7 所示。

（7）安装完成后会弹出图 3-8 所示的软件界面和对话框，要求安装对应系列 MCU 的 Pack 文件，此处先不安装，关闭"Pack Installer"对话框，跳过 Pack 文件安装，如图 3-8 所示。

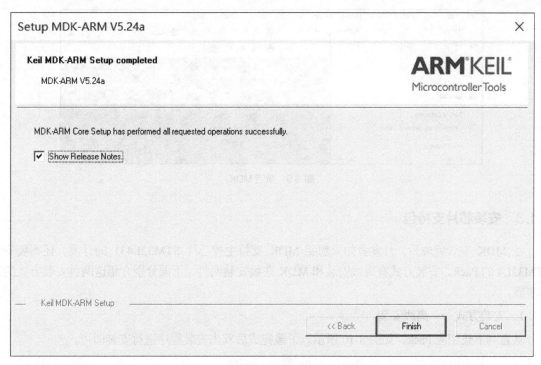

图 3-7　完成安装

图 3-8　跳过 Pack 文件安装

（8）导入许可证（License）以激活 MDK，如图 3-9 所示。如果未激活 MDK，那么软件为试用版本，只能编译 32KB 以下的代码，激活后可以取消限制。

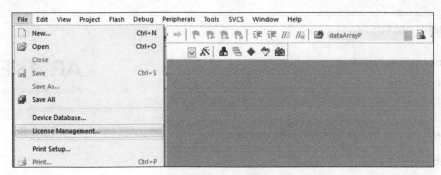

图 3-9　激活 MDK

3.1.3　安装芯片支持包

在 MDK 安装完成后，开发者如果想要 MDK 支持主控芯片 STM32L431 的开发，还需要安装 STM32L4 的 Pack，安装方式有离线安装和 MDK 在线安装两种，下面分别介绍这两种安装方式的具体步骤。

1. 安装方式一：离线安装

从官网下载相应 Pack，如图 3-10 所示。下载完成后双击安装程序进行安装即可。

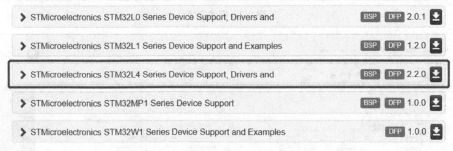

图 3-10　下载 Pack

2. 安装方式二：MDK 在线安装

（1）打开 MDK，在导航栏中打开"Pack Installer"对话框，如图 3-11 所示，单击"OK"按钮。

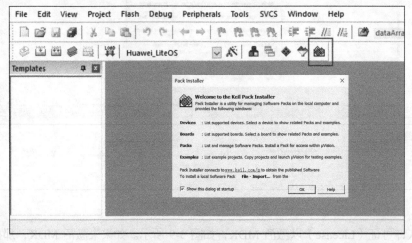

图 3-11　打开"Pack Installer"对话框

（2）进入在线安装界面，选择"STM32L4 Series"选项，单击"Install"按钮进行安装，如图 3-12 所示。

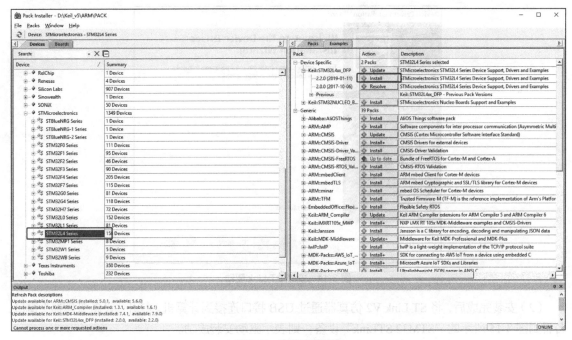

图 3-12 在线安装界面

（3）至此，MDK 软件已经安装完毕，重启 MDK 软件即可使用。

3.1.4 ST-Link 驱动安装

3.1.1 小节～3.1.3 小节讲解了 EVB_M1 主板开发环境的搭建，为了将编译后的程序烧录到 MCU 中，还需要使用仿真器。本书中使用的仿真器为 ST 公司的 ST-Link V2 仿真器，如图 3-13 所示，ST-Link V2 仿真器能够对程序进行烧录和仿真，仿真器在 PC 端工作需要安装相应的驱动，下面介绍 ST-Link 驱动的安装及环境配置。

图 3-13 ST-Link V2 仿真器

（1）在"EVB_M1_资料\05 Driver\STLINK V2（CN）驱动及说明\STLINK 驱动"目录中提供了两种驱动程序，分别为 32 位计算机系统驱动安装程序"dpinst_x86"和 64 位计算机系统驱动安装程序"dpinst_amd64"。开发者可根据计算机系统的情况安装对应的 ST-Link 驱动程序,安装路径尽量保持默认,如图 3-14 所示。

图 3-14　安装 ST-Link 驱动

（2）安装完成后,将 ST-Link V2 仿真器通过 USB 接口连接到计算机。打开"设备管理器"窗口,若看到图 3-15 所示的"STM32 STLink"设备,则表示驱动安装成功。

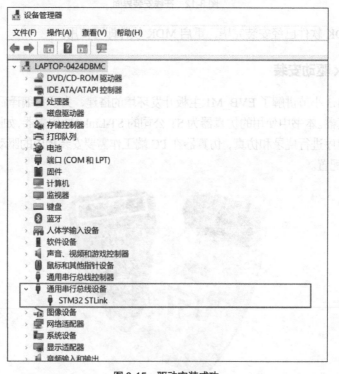

图 3-15　驱动安装成功

注:

① 各 Windows 版本中设备名称和所在设备栏目可能不一样。本书以 Windows 10 为例,显示的

是 STM32 STLink。

② 如果设备名称旁显示黄色的叹号，则可双击设备名称，在打开的对话框中选择更新设备驱动。

（3）至此，ST-Link 驱动已经安装完毕，接下来只需要在 MDK 中配置 ST-Link 参数即可。

3.1.5 MDK 配置

驱动安装成功后，还需要对 MDK 进行配置，才能对 EVB_M1 主板进行程序的烧录及仿真。本小节将介绍如何在 MDK 上设置 ST-Link 程序烧录及仿真的参数。

（1）打开 MDK 后，单击工程配置界面图标，如图 3-16 所示，进入工程配置界面。

图 3-16 单击工程配置界面图标

（2）打开"Debug"选项卡，以进行仿真器设置，如图 3-17 所示。

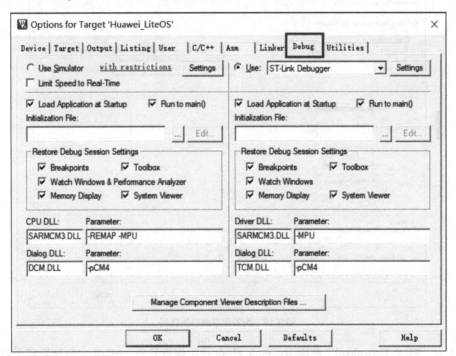

图 3-17 打开"Debug"选项卡

（3）下拉仿真器选择列表，选择"ST-Link Debugger"选项，并选中左侧的"Use"单选按钮，如图 3-18 所示，单击"Settings"按钮，进入 ST-Link V2 仿真器配置界面。

（4）EVB_M1 主板设计的程序烧录方式为 SWD，此处在"Unit"下拉列表中选择"ST-Link/V2"选项，并在"Port"下拉列表中选择"SW"选项，并确认右侧 SWDIO 框内是否检测出了 SW 设备，如图 3-19 所示。若未检测出 SW 设备，则检查是否已正确连接 ST-Link 程序下载器。

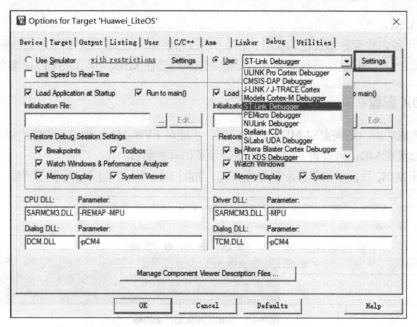

图 3-18　选择"ST-Link Debugger"选项

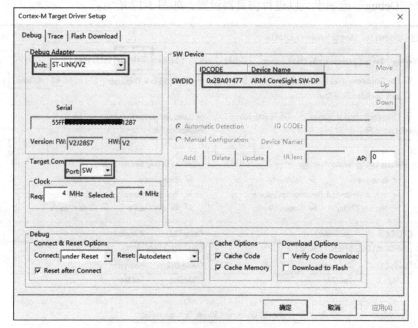

图 3-19　配置程序烧录仿真器

（5）打开"Flash Download"选项卡，进入 Flash 算法设置界面。MDK 会根据新建工程时选择的
目标器件，自动设置 Flash 算法。本书使用的 EVB_M1 主板的 MCU 型号为 STM32L431RCT6，Flash
容量为 256KB，所以"Programming Algorithm"选项组中默认添加了 STM32L4xx 256KB Flash 算法。
另外，如果选项组中没有显示算法，则可以单击"Add"按钮，打开"Add Flash Programming Algorithm"
对话框，在此对话框中选择"STM32L4xx 256 KB Flash"算法，单击"Add"按钮完成算法的添加，
如图 3-20 所示。最后，选中"Reset and Run"单选按钮，以实现在程序烧录后自动运行，其他选项
使用默认设置即可。设置完成后，单击"应用"按钮保存设置。

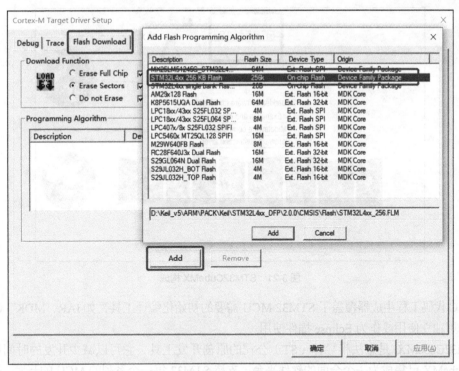

图 3-20 Flash 算法

（6）至此，MDK 和相关开发环境的安装配置已经完成，可以使用 EVB_M1 主板进行程序的烧录和仿真了。

3.2 STM32CubeMX 安装及开发环境配置

本节将简要介绍针对 STM32 系列芯片的图形化开发工具 STM32CubeMX 的安装及开发环境的配置，其过程包括 Java 运行环境（Java Runtime Environment，JRE）的安装、STM32CubeMX 软件的安装及对应系列芯片的固件库的安装。

3.2.1 STM32CubeMX 介绍

STM32CubeMX 是一个图形化的开发工具，它是 STM32 系列芯片专门用来配置和初始化 C 代码工程的生成器。

如图 3-21 所示，它适用于 STM32 所有系列的芯片，软件内封装了示例和样本（Examples and demos）、中间件（Middleware components）、硬件抽象层（Hardwaree abstraction layer）。

STM32CubeMX 的特性如下。

（1）直观地选择 STM32 MCU。

（2）微控制器图形化配置。

① 自动处理引脚冲突。

② 动态设置确定的时钟树。

③ 动态确定参数设置的外围、中间件模式和初始化。

④ 功耗预测。

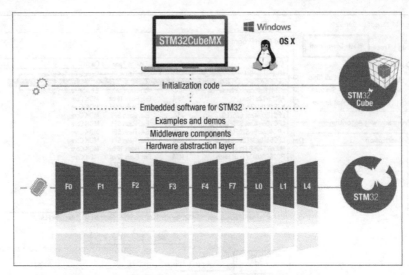

图 3-21　STM32CubeMX 构成

（3）C 代码工程生成器覆盖了 STM32 MCU 需要的初始化编译工具，如 IAR、MDK、GCC 等。

（4）可独立使用或作为 Eclipse 插件使用。

STM32CubeMX 是意法半导体（ST）公司的原创开发工具，它可以减少开发的时间和费用。STM32CubeMX 已集成为一个全面的软件平台，支持 STM32 每一个系列的 MCU 的开发。这个平台包括 STM32Cube HAL（一个 STM32 的抽象层集成软件，确保 STM32 系列最大的移植性），以及一套兼容的中间件（RTOS、USB、TCP/IP 和图形），并为所有内嵌组件附带了全套例程。

更多关于 STM32CubeMX 的介绍可以访问 ST 官网进行查看。

3.2.2　JRE 安装

由于 STM32CubeMX 软件是基于 Java 环境运行的，所以需要安装 JRE 才能使用。STM32CubeMX 要求的 JRE 最低版本是 1.7.0_45，如果计算机中已安装 JRE 的版本大于 1.7.0_45，则可以不用再下载安装。JRE 安装程序需访问 Qracle 官网下载。

JRE 安装过程非常简单，此处以 "jre-8u231-windows-i586.exe" 为例讲述 JRE 的安装过程。

（1）打开 "jre-8u231-windows-i586.exe" 安装程序，单击 "安装" 按钮，如图 3-22 所示。

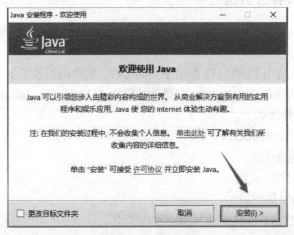

图 3-22　安装 JRE

（2）等待安装完成，如图 3-23 所示。

图 3-23　等待安装完成

（3）安装完成后，单击"关闭"按钮，如图 3-24 所示。

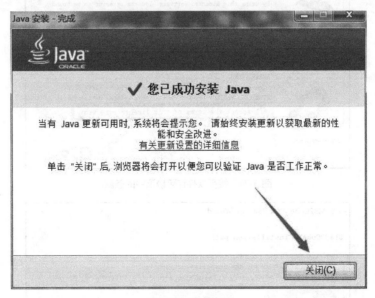

图 3-24　安装完成

3.2.3　STM32CubeMX 安装

（1）访问 ST 官网下载 STM32CubeMX 安装程序并解压，以管理员身份运行"SetupSTM32CubeMX-4.22.1.exe"安装程序进行安装，如图 3-25 所示，单击"Next"按钮。

（2）选中"I accept the terms this license agreement."单选按钮，接受软件许可协议中的条款，单击"Next"按钮，如图 3-26 所示。

（3）选择安装路径，单击"Next"按钮，如图 3-27 所示。

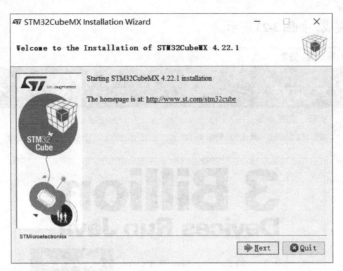

图 3-25　安装 STM32CubeMX

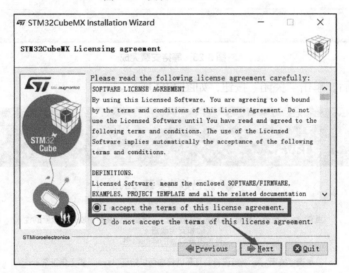

图 3-26　接受软件许可协议中的条款

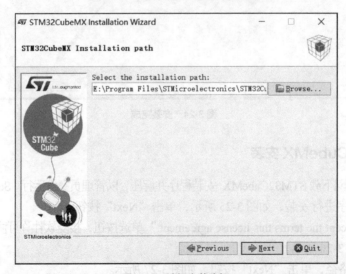

图 3-27　选择安装路径

（4）勾选 "Create shortcuts in the Start-Menu" 和 "Create additional shortcuts on the desktop" 复选框，创建快捷方式，单击 "Next" 按钮，如图 3-28 所示。

图 3-28　创建快捷方式

（5）等待安装，单击 "Next" 按钮，如图 3-29 所示。

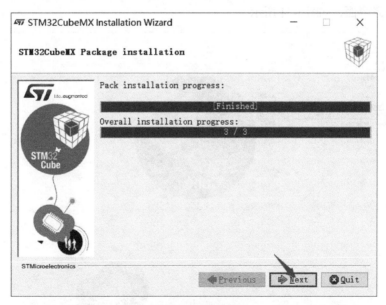

图 3-29　等待安装

（6）单击 "Done" 按钮，完成 STM32CubeMX 的安装，如图 3-30 所示。

（7）至此，STM32CubeMX 在 Windows 操作系统中安装完毕，关于在 Linux 和 MacOS 操作系统中安装 STM32CubeMX 的过程可以参考 ST 官网提供的说明。

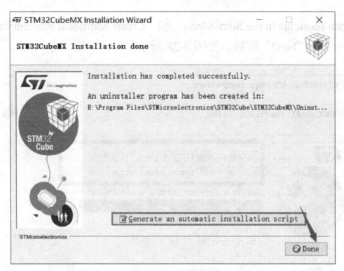

图 3-30   完成安装

3.2.4   STM32CubeMX 固件库的安装

STM32CubeMX 安装完毕后，要想使用 STM32CubeMX 生成项目，首先需要加载固件库，STM32CubeMX 固件库的安装方式有三种：在线安装、导入离线包、解压离线包。

1. 在线安装

（1）打开安装好的 STM32CubeMX 软件，选择"Help"→"Manage embedded software packages"选项，进入库管理界面，如图 3-31 所示。

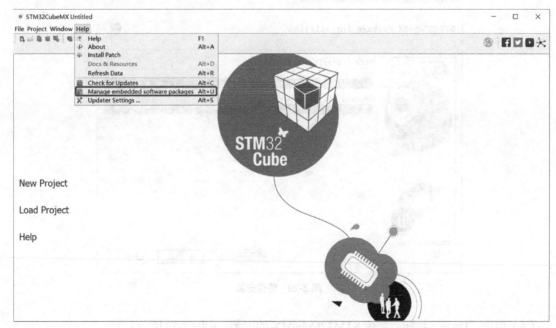

图 3-31   进入库管理界面

（2）勾选要安装的固件库，单击"Install Now"按钮，安装固件库，等待安装完成，如图 3-32所示。

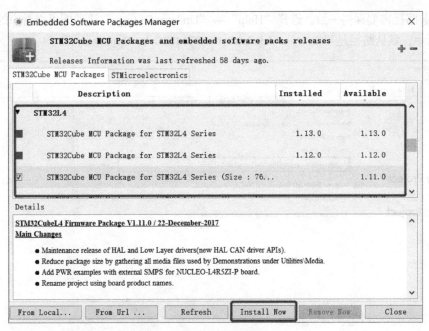

图 3-32 安装固件库

2. 导入离线包

通过官网下载需要安装的固件库离线包，选择 "Help" → "Manage embedded software packages" 选项，进入库管理界面，单击左下角的 "From Local" 按钮，打开一个对话框，选择已下载的离线包，单击 "Open" 按钮，等待安装完成即可，如图 3-33 所示。

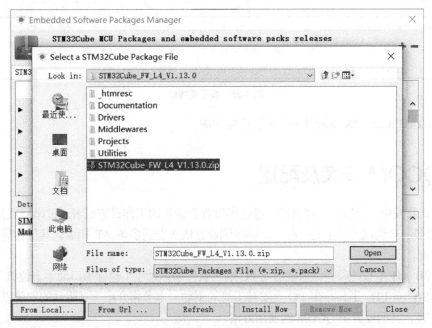

图 3-33 导入离线包

3. 解压离线包

直接解压固件库离线包是最方便的安装方式，需要注意的是，固件库的安装路径与 STM32CubeMX

指定库的安装路径需要保持一致。选择"Help"→"Updater Settings"选项即可查看库的安装路径，如图 3-34 所示，默认路径是"C:/Users/Administrator/STM32Cube/Repository/"。

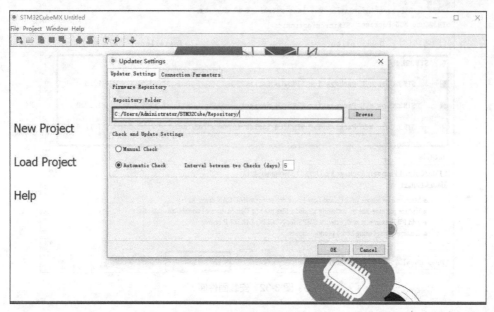

图 3-34 查看库的安装路径

如果在安装 STM32CubeMX 时修改了安装路径（如安装在 D 盘中），那么固件库的安装路径也最好和 STM32CubeMX 在同一路径下（Repository 文件夹需要手动创建）。解压固件库的离线包，注意文件名需要匹配，如图 3-35 所示。

图 3-35 解压离线包

至此，STM32CubeMX 安装及环境配置已经完成。

3.3 QCOM 安装及配置

在嵌入式开发中，开发人员经常需要通过串口查看设备的工作日志或者通过串口直接调试设备。QCOM 为众多串口调试工具中的一种，能够按照设置依次发送多条 AT 指令，其工作界面简洁，用起来较为方便。

要使 EVB_M1 主板的硬件串口能够与 PC 端的软件串口助手（也称串口助手上位机）进行通信，需要使用 USB 转 TTL 工具并在 PC 上安装工具的驱动。本节将介绍工具驱动的安装以及串口助手 QCOM 的安装，并简要介绍 QCOM 的使用方法。

3.3.1 CH340 驱动安装

本书中使用的 EVB_M1 主板板载的 USB 转串口芯片型号为 CH340C，需要在 PC 端安装 CH340

的驱动，以满足 EVB_M1 主板通过串口与 PC 端进行通信的要求，下面介绍 CH340 驱动的安装方法。

（1）登录 www.wch.cn，下载 CH341SER.exe 驱动文件。

（2）双击运行驱动安装程序后，单击"安装"按钮以安装驱动文件，如图 3-36 所示。

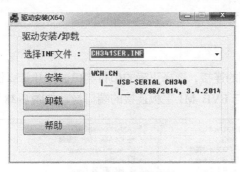

图 3-36　安装驱动文件

3.3.2　QCOM 的安装

QCOM 是一款免安装、可直接运行的软件，在"EVB_M1_资料\01 Software\工具\QCOM_V1.6"目录下可获取 QCOM_V1.6 软件。

3.3.3　QCOM 使用介绍

1. 工具描述

此串口调试工具主要分为五个区域，如图 3-37 所示，这五个区域的功能介绍如下。

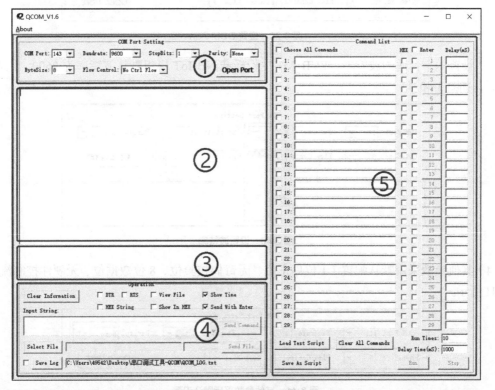

图 3-37　QCOM 工具描述

① 端口参数设置区。

② 显示接收的数据。

③ 显示状态信息。

④ 用于发送数据或文件。

⑤ 用于连续发送数据。

2. COM 端口配置

（1）根据 PC 和终端之间的连接，选择正确的串行端口。打开计算机的"设备管理器"窗口，在"端口"列表中可以查看 PC 与 EVB_M1 主板连接的端口号，如图 3-38 所示。

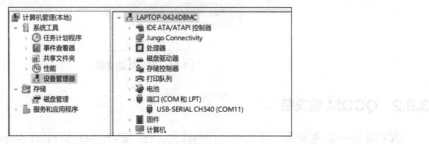

图 3-38　查看端口号

（2）在第（1）步中显示的端口号是 COM11，所以这里要设置"COM Port"为"11"，如图 3-39 所示。

图 3-39　设置 COM Port

（3）设置一个合适的波特率。EVB_M1 主板板载 NB-IoT 模组默认波特率为 9600，此处选择"9600"，如图 3-40 所示。

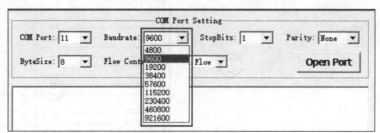

图 3-40　设置波特率

（4）其他参数采用默认配置（1 位停止位、无奇偶校验位、8 位数据位、无硬件控制流），如图 3-41 所示。

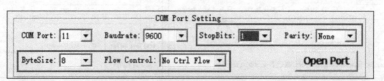

图 3-41　其他参数采用默认设置

3. 打开和关闭 COM 端口

（1）单击"Open Port"按钮，打开选定的 COM 端口，如图 3-42 所示。

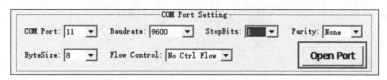

图 3-42　打开选定的 COM 端口

（2）单击"Close Port"按钮，关闭选定的 COM 端口，如图 3-43 所示。

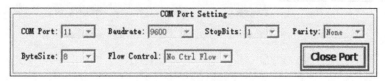

图 3-43　关闭选定的 COM 端口

4. 发送数据

在发送数据的窗口中可以输入 AT 指令与终端进行交互，先勾选"Send With Enter"复选框，再按"Enter"键即可发送数据，如图 3-44 所示。

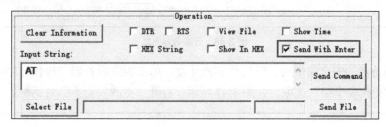

图 3-44　发送数据

3.4　华为云服务器环境配置

本节是第 7 章端到端实战开发的实验准备章节，通过本节的学习，开发者将掌握如何在华为云上建立云服务器，并能通过 PC 端的远程桌面连接远程服务器。利用这个服务器可进行 NB-IoT 终端基于传输控制协议（Transmission Control Protocol，TCP）、用户数据报协议（User Datagram Protocol，UDP）的数据通信测试，接下来将详细介绍华为云服务器的相关配置和登录流程。

3.4.1　配置云服务器

（1）访问华为云官网，填写相关信息，完成用户注册并登录，单击首页上方的"控制台"进入云服务器，如图 3-45 所示。购买或申请免费试用 Windows 系统的弹性云服务器 ECS 后，选择"弹性云服务器 ECS"选项，进入管理控制界面。

（2）进入管理控制界面后可以看到目前正在运行的云服务器，本书以 Windows 2016 标准版服务器为例进行讲解，该服务器具备一个弹性公网 IP 地址，该 IP 地址在实际开发中将用于 NB-IoT 设备的对接，这里的云服务器信息如图 3-46 所示。

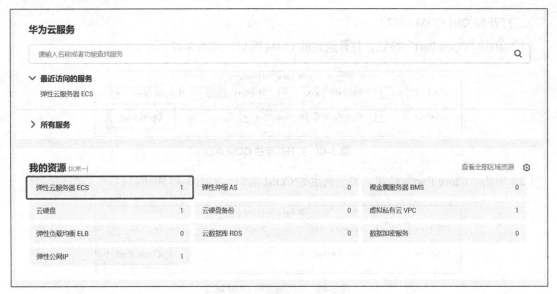

图 3-45　进入云服务器

图 3-46　云服务器信息

（3）设置服务器的安全组规则，以便于实验开发。单击相应服务器"操作"栏中的"更多"下拉按钮，选择"更改安全组"选项，如图 3-47 所示，打开"更改安全组"对话框。

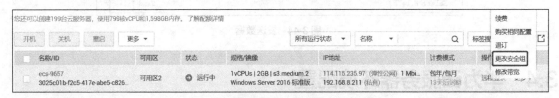

图 3-47　选择"更改安全组"选项

（4）单击"新建安全组"超链接，如图 3-48 所示，进入安全组规则配置界面。

图 3-48　新建安全组

（5）单击"配置规则"超链接，如图 3-49 所示，进入安全组规则配置界面，并单击规则列表上方的"添加规则"超链接，进入新规则添加界面。

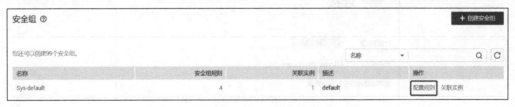

图 3-49　配置规则

（6）在"协议/应用"下拉列表中选择"全部"选项，如图 3-50 所示。若后期需要对服务器进行相关安全设置，则可根据需要修改规则。

图 3-50　选择协议/应用

3.4.2　远程连接云服务器

（1）按"Win+R"组合键，打开"运行"对话框，在"打开"文本框中输入"mstsc"，如图 3-51 所示，单击"确定"按钮，打开远程桌面。

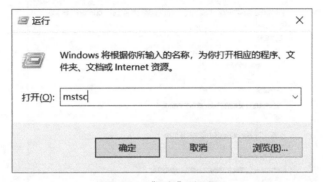

图 3-51　"运行"对话框

（2）打开"远程桌面连接"对话框，如图 3-52 所示。在"计算机"文本框中输入云服务器的 IP 地址，单击"连接"按钮。

图 3-52　"远程桌面连接"对话框

（3）打开"Windows 安全中心"对话框，如图 3-53 所示。在"Administrator"文本框中输入云服务器的密码，单击"确定"按钮。

图 3-53　"Windows 安全中心"对话框

（4）打开"远程桌面连接"对话框，如图 3-54 所示。勾选"不再询问我是否连接到此计算机"复选框，单击"是"按钮。

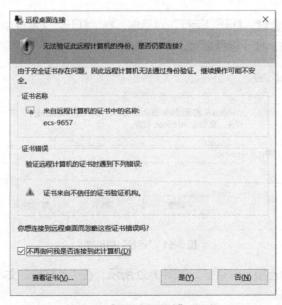

图 3-54　"远程桌面连接"对话框

（5）完成连接远程服务器桌面的操作，如图 3-55 所示。

图 3-55　完成连接远程服务器桌面的操作

3.5　华为 OceanConnect 平台账号获取

OceanConnect 是华为云推出的 IoT 联接管理平台，如图 3-56 所示。IoT 联接管理平台通过开放 API 和系列化 Agent 实现与上下游产品的无缝连接，给客户提供端到端的高价值行业应用，如智慧家庭、车联网、智能抄表、智能停车等。为了让开发者体验便捷的开发环境，华为云提供了 OceanConnect 平台的免费试用版本，本节将讲述在华为云上快速获取免费的开发账号的方法。

图 3-56　OceanConnect 平台

1. 注册华为云账号

（1）进入华为云官网，如图 3-57 所示。

图 3-57　华为云官网

（2）单击右上角的"注册"按钮，进入注册界面，如图 3-58 所示。填写相关信息后单击"同意协议并注册"按钮，完成华为云账号的注册。

图 3-58　注册界面

2. 完成实名认证

单击右上角的用户名，并选择"账号中心"选项，如图 3-59 所示。进入账号中心界面，在该界面中完成实名认证。

3. 进入 OceanConnect 平台

（1）回到华为云官网，选择"产品"→"IoT 物联网"选项，并在右侧选择"物联网平台（云）"下的"设备管理"选项，如图 3-60 所示，进入设备管理主页面。由于华为云产品更新速度快，页面可能会有变化，开发者看到的实际页面可能和书中有所不同。

图 3-59　选择"账号中心"选项

图 3-60　设备管理

（2）单击"开发中心"按钮，进入开发者平台，即可开始云上开发，如图 3-61 所示。开发中心为测试平台，开发者可以免费试用。商用平台需要购买使用，有 60 天的免费试用期。

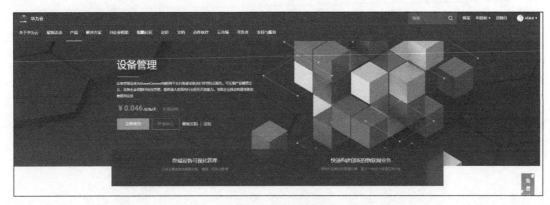

图 3-61　进入开发中心

3.6　本章小结

　　本章主要介绍 NB-IoT 应用开发过程中的集成开发环境及其搭建过程,针对每一部分进行了详细讲述,带领开发者学习了实践 NB-IoT 开发必备的技能,并让开发者能够自主完成环境配置和基础知识学习。

　　物联网端到端的开发需要准备的工具和知识点很多,从终端开发、云服务器配置到应用服务管理都需要投入一定的时间进行学习,本章的讲解希望能够帮助开发者更快地掌握相应的技能。

第4章 NB-IoT基础开发实战

NB-IoT 是一种蜂窝式通信技术,终端与运营商网络相互连接并通信,融入庞大的互联网络中。NB-IoT 的通信机制和手机类似,在手机开发中,经常会接触到一个名词——AT(Attention)。AT 指令在当代手机通信中起着重要的作用,通过 AT 指令能够控制手机通信模组的许多行为,包括呼叫号码、按键控制、传真、GPRS 通信等。AT 指令对 NB-IoT 通信模组也起到了关键性作用。

本章将详细介绍使用 AT 指令控制 NB-IoT 通信模组的方法,实现 NB-IoT 终端附着网络及数据交互等操作。

4.1 实验准备

1. 软件准备

串口助手:QCOM V1.6 (或更高版本)。

注:驱动安装及软件使用请参考 3.3 节的说明。

2. 硬件准备

安装完天线和 NB-IoT 专用 SIM 卡后,将多功能跳线帽切换到 PC 调试模式,如图 4-1 所示。通过 Micro USB 线将 EVB_M1 主板连接到计算机的 USB 接口上,打开电源开关,给 EVB_M1 主板通电。此时,打开计算机的"设备管理器"窗口,在端口列表中可以查看计算机与 EVB_M1 主板连接的端口号,如图 4-2 所示,EVB_M1 主板的端口号为"COM32"(注意:不同的 EVB_M1 主板在不同的计算机上,所获取到的端口号可能不同)。

图 4-1 连接跳线帽

图 4-2　查看端口号

3. 环境测试

打开 QCOM 软件，设置"COM Port"与刚得到的端口号一致，其他参数保持默认（1 位停止位、8 位数据位、无奇偶校验位、无控制流）即可，如图 4-3 所示。

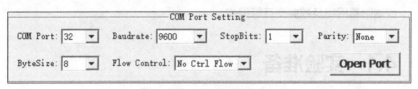

图 4-3　QCOM 参数设置

4.2　NB-IoT AT 指令集

AT 指令是应用于终端设备与 PC 应用之间的通信指令。在 AT 指令的通信协议中，除 AT 两个字符外，最多可以接收长度为 1056 个字符的数据（包括最后的空字符）。AT 指令集一般用于终端设备（Terminal Equipment，TE）/数据终端设备（Data Terminal Equipment，DTE）与终端适配器（Terminal Adapter，TA）或数据电路终端设备（Data Circuit Terminal Equipment，DCE）之间的指令交互。

对于由终端设备主动向 PC 端报告的非请求结果码（Unsolicited Result Code，URC）或响应（Response），要求每条最多有一行或一个，不允许终端设备上报的一行中有多条 URC 或响应。AT 指令以换行（转义符\r\n）作为结尾，URC 或响应同样以换行作为结尾。

本节将介绍三种 AT 指令，并以几个关键指令为例，讲解 AT 指令的详细使用方法。

4.2.1　3GPP AT 指令集

NB-IoT 是 3GPP R13 中引入的新型蜂窝技术，用于为物联网提供广域网连接技术。3GPP 中提供了标准的 AT 命令，这些 AT 指令会被芯片和模组厂商所引用。本小节将以 3GPP（27.007）为例，列举并详细介绍其中的关键 AT 指令，如表 4-1 所示。

表 4-1   3GPP 命令（27.007）

AT 指令	描述
ATI	返回产品标识信息
ATE	设置命令回显
AT+CGMI	返回制造商信息，一般为模组厂商
AT+CGMM	返回制造商模型信息，一般为模组型号
AT+CGMR	返回模组版本信息
AT+CGSN	返回国际移动设备识别码（International Mobile Equipment Identity，IMEI）
AT+CEREG	查询网络注册信息，或者配置网络状态切换回显
AT+CSCON	查询无线电连接状态，或者配置无线电状态变更后是否通知终端
AT+CLAC	列举出支持的所有 AT 命令
AT+CSQ	获取信号强度
AT+CGPADDR	返回终端的 IP 地址
AT+COPS	查询或选择运营商
AT+CGATT	查询或附着网络
AT+CIMI	请求国际移动台设备标识（IMSI）
AT+CGDCONT	定义或查询 PDP 上下文
AT+CFUN	查询或设置终端功能模式
AT+CMEE	上报移动终端错误信息
AT+CCLK	查询或配置时钟
AT+CPSMS	查询或设置省电模式
AT+CEDRXS	查询或设置 eDRX 参数
AT+CEER	移动终端扩展错误报告
AT+CEDRXRDP	读取 eDRX 动态参数
AT+CTZR	时区读取或设置
AT+CIPCA	初始化 PDP 上下文
AT+CGAPNRC	APN 速率控制
AT+CSODCP	通过控制面板发送原始数据
AT+CRPDCP	通过控制面板报告终端数据
AT+CGCONTRDP	读取 PDP 上下文动态参数
AT+CGAUTH	定义 PDP 上下文身份验证参数
AT+CNMPSD	表示 MT 上的应用程序不会交换数据

1. 查询终端 IMEI

IMEI，即通常所说的移动终端序列号，用于在移动蜂窝网络中识别每一个独立的移动终端，相当于移动终端的身份证，每一个移动终端具备全球唯一的识别码。除了在蜂窝网络中标识不同的移动终端外，IMEI 还被物联网平台用于区分不同的设备，例如，华为的 OceanConnect 平台是通过在平台上注册 IMEI 来区分不同的移动终端的。在 3GPP（27.007）协议中，查询及配置 IMEI 的指令为"AT+CGSN=1"，如表 4-2 所示。

表 4-2   查询终端 IMEI 的指令及介绍

执行指令	模组返回	说明
AT+CGSN=1	+CGSN:\<svn\> OK	\<svn\>：NB-IoT 终端的 IMEI，如 867725030319085

注：IMEI 出厂时由终端或模组厂商设置，默认不支持修改。

2. 设置查询模组功能

NB-IoT 终端的射频功能可以通过 "AT+CFUN" 指令配置，如表 4-3 所示。模组当前的功能模式状态也可以通过 "AT+CFUN" 指令查询，如表 4-4 所示。在全功能模式下，射频的接收和发送开关完全打开；在最小功能模式下，终端的射频开关完全关闭，从而降低功耗。

表 4-3 全功能指令及介绍

执行指令	模组返回	说明
AT+CFUN=1	OK	设置 NB-IoT 射频为全功能模式

表 4-4 查询模组当前的功能模式状态

执行指令	模组返回	说明
AT+CFUN?	+CFUN:<fun> OK	<fun>： 0：最小功能模式 1：全功能模式

3. 附着网络

NB-IoT 终端打开射频功能之后，还需要主动连接并附着到运营商核心网络中。附着网络有手动和自动两种方式。手动附着网络是通过 "AT+CGATT" 指令来操作的，相关指令及其介绍如表 4-5 所示。默认状态下，附着网络方式为自动附着网络。

表 4-5 手动附着网络的指令及介绍

执行指令	模组返回	说明
AT+CGATT=1		参数： 1：附着网络 0：取消附着
	OK	网络附着失败时，请检查全功能模式是否为 1

4. 查询网络注册状态

NB-IoT 设备在接入网络之前，需要先通过基站注册到运营商的核心网络中，才能实现与核心网的数据交互。接入网络状态可以通过 "AT+CEREG" 指令查询，如表 4-6 所示。同时，可以设置当网络状态改变时，主动上报网络状态，指令及介绍如表 4-7 所示。

表 4-6 查询网络注册状态的指令及介绍

执行指令	模组返回	说明
AT+CEREG?	+CEREG:1,1 OK	参数 1：是否开通注册状态改变自动回复 参数 2：网络状态值 第一个 1 表示使能网络注册状态自动上报 "+CEREG:<stat>" 第二个 1 表示已经注册到网络中，如果是 2，则表示未注册，但终端目前正试图注册或正在搜寻注册网络

表 4-7 设置网络状态主动上报的指令及介绍

执行指令	模组返回	说明
AT+CEREG=1	OK	开通注册状态改变自动回复

5. 查询终端与基站的连接状态

NB-IoT 设备在注册到运营商核心网络中后，不需要与基站保持实时通信状态。在低功耗的业务场景下，当设备无须和核心网络交互数据的时候，及时断开与基站的连接就显得尤为重要。此时，可以通过 AT 指令查询 NB-IoT 终端与基站的连接状态，相关 AT 指令及介绍如表 4-8 所示。还可通过 AT 指令设置是否自动输出终端和基站连接状态改变的通知，相关 AT 指令及介绍如表 4-9 所示。

表 4-8　　　　　　　　查询终端与基站连接状态的指令及介绍

执行指令	模组返回	说明
AT+CSCON?	+CSCON:1,1 OK	参数 1：是否开通连接状态改变自动回复 参数 2：连接状态值 参数 1 为 1 时，表示已开通连接状态自动上报"+CSCON:\<stat\>" 参数 2 为 1 时，表示 CONNECT（连接状态），为 0 时表示 IDLE（睡眠状态）；如果没有数据交互，在 CONNECT 状态下维持 20s 后进入 IDLE 状态；如果仍然没有数据交互，在 IDLE 状态下维持 10s 后进入 PSM 状态，此时模组不再接收任何下行数据

表 4-9　　　　　设置终端与基站连接状态变化后主动输出状态的指令及介绍

执行指令	模组返回	说明
AT+CSCON=1	OK	设置连接状态改变自动回复

6. 查询终端的信号强度

移动终端的信号强度是多项射频指标的综合参考结果，可以通过"AT+CSQ"指令获取当前 NB-IoT 终端所处环境的信号强度，相关指令及介绍如表 4-10 所示。

表 4-10　　　　　　　　查询终端的信号强度的指令及介绍

执行指令	模组返回	说明
AT+CSQ	+CSQ:31,99 OK	参数 1：0～31 或 99（无信号） 参数 2：信道误码率

7. 查询终端 IP 地址

终端的 IP 地址是由分组数据协议（Packet Data Protocol，PDP）上下文分配而来的。通过使用"AT+CGPADDR"指令，可以获取终端接入网络后的 IP 信息，相关指令及介绍如表 4-11 所示。

表 4-11　　　　　　　　查询终端 IP 地址的指令及介绍

执行指令	模组返回	说明
AT+CGPADDR	+CGPADDR:1,101.43.5.1 +CGPADDR:2,2001:db8:85a3::8a2e:370	在网络支持的情况下，每个 APN 可获得一个 IP 地址。此处共获得两个 IP 地址： +CGPADDR:1 为 IPv4 地址 +CGPADDR:2 为 IPv6 地址

4.2.2　一般 AT 指令集

除 3GPP 组织统一约定的 AT 指令集外，芯片或模组厂商也会根据实际产品的需求开发一些独有的 AT 指令，这种 AT 指令集可以称为一般 AT 指令集。一般 AT 指令虽然不是模组必有的 AT 指令，但它对于模组完成通信交互过程却起到了非常重要的作用，如常见的创建套接字（Socket）、发送套接字数据、重启通信模组等操作，都由一般 AT 指令集进行处理。本小节将以华为海思 Boudica 150 芯片的一般 AT 指令集为例，列举并详细介绍其中的关键 AT 指令，如表 4-12 所示。

表 4-12 　　　　　　　　　　Boudica 150 芯片的一般 AT 指令集

AT 指令	描述
AT+NRB	重启终端
AT+NUESTATS	查询终端状态
AT+NSOCR	创建套接字
AT+NSOST	通过指定 Socket 发送数据（仅限 UDP）
AT+NSOSTF	通过指定 Socket 发送数据及标记（仅限 UDP）
AT+NQSOS	通过 UE 查询挂起的上游消息列表
AT+NSORF	读取来自指定 Socket 的数据
AT+NSOCO	通过指定 Socket 连接 TCP 服务器
AT+NSOSD	发送一个 TCP 数据包（仅限 TCP）
AT+NSOCL	关闭指定的 Socket
AT+NSONMI	Socket 数据到达指示
AT+NSOCLI	Socket 关闭指示（仅通知）
AT+NPING	测试远程的 Ping 功能
AT+NBAND	设置支持的 BAND 值
AT+NLOGLEVEL	设置工作日志等级
AT+NCONFIG	配置查询终端参数
AT+NATSPEED	配置串口波特率
AT+NCCID	USIM 卡指示
AT+NFWUPD	通过串口更新固件
AT+NPOWERCLASS	设置频率和功率的关系映射
AT+NPSMR	PSM 状态报告
AT+NPTWEDRXS	时间窗口和 eDRX 设置
AT+NPIN	配置 PIN
AT+NCSEARFCN	清除保存的频点信息
AT+NIPINFO	读取 IP 地址
AT+NCPCDPR	读取 PDP 上下文的动态参数
AT+NQPODCP	通过终端的控制平台查询数据列表

1. 查询 NB-IoT 终端的行为参数

NB-IoT 终端具有多条行为参数（Config），都可以进行查询和配置。使用 "AT+NCONFIG" 指令，可获取终端的行为参数，相关指令及介绍如表 4-13 所示。

表 4–13　　　　　　　　　　查询 NB-IoT 终端行为参数的指令及介绍

执行指令	模组返回	说明
AT+NCONFIG?	+NCONFIG:AUTOCONNECT,TRUE +NCONFIG:CR_0354_0338_SCRAMBLING,TRUE +NCONFIG:CR_0859_SI_AVOID,TRUE +NCONFIG:COMBINE_ATTACH,FALSE +NCONFIG:CELL_RESELECTION,TRUE +NCONFIG:ENABLE_BIP,FALSE +NCONFIG:MULTITONE,TRUE +NCONFIG:NAS_SIM_POWER_SAVING_ENABLE,TRUE +NCONFIG:BARRING_RELEASE_DELAY,64 +NCONFIG:RELEASE_VERSION,13 +NCONFIG:RPM,FALSE +NCONFIG:SYNC_TIME_PERIOD,0 +NCONFIG:IPV6_GET_PREFIX_TIME,15 +NCONFIG:NB_CATEGORY,1 +NCONFIG:RAI,FALSE +NCONFIG:HEAD_COMPRESS,FALSE +NCONFIG:RLF_UPDATE,FALSE +NCONFIG:CONNECTION_REESTABLISHMENT,FALSE +NCONFIG:PCO_IE_TYPE,EPCO	主要通过该指令查询 "AUTOCONNECT" 参数是否为 "TRUE"，表示是否已经开启自动联网功能

可以通过 "AT+NCONFIG" 指令关闭 NB-IoT 模组自动联网的功能，相关指令及介绍如表 4-14 所示。

表 4–14　　　　　　　　关闭自动联网功能的指令及介绍

执行指令	模组返回	说明
AT+NCONFIG=AUTOCONNECT,FALSE	OK	关闭 NB-IoT 终端的自动联网功能

2. DNS 解析

域名解析系统（Domain Name System，DNS）是将域名解析成 NB-IoT 终端能访问的 IP 地址。例如，通过 "AT+QDNS" 指令能够获取 www.baidu.com 的 IP 地址，相关指令及介绍如表 4-15 所示。

表 4–15　　　　　　　　　　DNS 解析的指令及介绍

执行指令	模组返回	说明
AT+QDNS=0,www.baidu.com	OK +DNS:111.13.100.91	通过 NB-IoT 终端获取 www.baidu.com 的 IP 地址

3. 设置终端搜索频段

在部署 NB-IoT 基站网络时，不同的运营商可能会选择不同的频段进行部署。例如，中国电信采用的频段是 BAND5，中国移动采用的频段是 BAND8，中国联通采用的频段是 BAND3 和 BAND8。对于支持多频段的模组而言，默认搜索频段依次为 B3、B5、B8，也可以手动设置搜索频段，相关指令及介绍如表 4-16 所示。

表 4–16　　　　　　　　设置终端搜索频段的指令及介绍

执行指令	模组返回	说明
AT+NBAND=5,3,8	OK	通过指令设置搜索频段依次为 B5、B3、B8

4.2.3　特殊 AT 指令集

在某些应用场景下，一般 AT 指令集也无法满足场景需求，如连接 IoT 平台、FOAT 升级等。此时就需要一些特殊的 AT 指令来满足应用功能，此 AT 指令集一般由芯片或模组厂商添加。本小节以移远通信 BC35G 模组的部分特殊 AT 指令为例，并介绍其中关键 AT 指令的用法。部分特殊 AT 指令如表 4-17 所示。

表 4-17　　　　　　　　　　　　　　　部分特殊 AT 指令

AT 指令	描述
AT+NCDP	配置和查询 CDP 服务器的地址
AT+QSECSWT	设置传输数据是否加密
AT+QSETPSK	加密传输时，设置 PSK ID 和 PSK
AT+QLWSREGIND	控制模组与物联网平台的注册、注销或更新
AT+QLWULDATA	向 IoT 平台发送数据
AT+QLWULDATAEX	发送回应/无回应消息
AT+QLWULDATASTATUS	查询发送信息的状态
AT+QLWFOTAIND	设置 FOTA 升级模式
AT+QREGSWT	设置平台的注册模式
AT+NMGS	发送一条消息
AT+NMGR	获取一条消息
AT+NNMI	显示一条新消息
AT+NSMI	设置或获取发送至平台的指令
AT+MQMGR	查询接收到的消息的状态
AT+NQMGS	查询发送的消息的状态
AT+NMSTATUS	返回消息的注册状态
AT+QLWEVTIND	LwM2M 事件上报

NB-IoT 终端要与华为 OceanConnect 平台对接，需要一系列的注册流程，此流程由 NB-IoT 模组完成，用户只需设置对应参数即可完成注册。使用"AT+QREGSWT"指令可以设置 NB-IoT 模组手动或自动注册平台，相关指令及介绍如表 4-18 所示。该命令也可以查询平台的注册模式，如表 4-19 所示。

表 4-18　　　　　　　　　　　　设置平台注册模式的指令及介绍

执行指令	模组返回	说明
AT+QREGSWT=<type>	OK	<type>： 0：手动注册模式 1：自动注册模式 2：关闭注册

表 4-19　　　　　　　　　　　　查询平台注册模式的指令及介绍

执行指令	模组返回	说明
AT+QREGSWT?	+QREGSWT:<type> OK	<type>： 0：手动注册模式 1：自动注册模式 2：关闭注册

4.3　NB-IoT 设备接入网络

NB-IoT 设备在与服务器进行通信前，首先要做的就是接入 NB-IoT 网络。NB-IoT 网络一般是由运营商构建和维护的，通过基站为 NB-IoT 设备提供可靠的网络服务。NB-IoT 设备接入网络分为自动接入网络和手动接入网络两种方式，默认情况下，模组通电后会自动搜索并附着网络，成功接入网络后即可进行数据收发工作。手动接入网络是指开发者通过对 NB-IoT 模组发送 AT 指令执行重启模组、开启射频、附着网络等操作，实现与 NB-IoT 核心网络的附着功能。本节将介绍 NB-IoT 模组接入网络常用的 AT 指令。

通过"AT+NCONFIG=AUTOCONNECT,TRUE"指令，NB-IoT 设备可设置为自动接入网络。如果需要手动接入网络，则可以对 NB-IoT 模组发送"AT+NCONFIG=AUTOCONNECT,FALSE"指令，禁用模组的自动接入网络功能，此配置将保存在内部存储中，通过"AT+NRB"指令重启模组后生效。

4.3.1　自动接入网络

自动接入网络只需重启模组，执行与信号相关的查询命令，等待模组自动附着网络即可。接下来可通过 QCOM 向模组发送 AT 指令来判断模组接入网络成功与否。

NB-IoT 设备开机后，自动接入网络流程如图 4-4 所示，相关指令及介绍如表 4-20 所示。

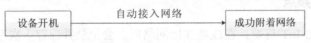

图 4-4　自动接入网络流程

表 4-20　　　　　　　查询终端开机接入网络状态的相关指令及介绍

序号	执行指令	模组返回	说明
1	-	REBOOT_CAUSE_SECURITY_PMU_POWER_ON_RESET Neul OK	NB-IoT 终端开机后上报开机信息
2	AT+CFUN?	+CFUN:1 OK	查询全功能模式是否打开
3	AT+CIMI	460111174590523 OK	查询 IMEI，判断 NB-IoT SIM 卡是否正确接入
4	AT+CEREG?	+CEREG:0,1 OK	查询网络注册状态
5	AT+CGATT?	+CGATT:1 OK	查询终端是否成功附着网络，为 1 表示附着网络成功，为 0 表示正在尝试附着网络
6	AT+CGPADDR	+CGPADDR:0,10.1169.241.248 OK	查询 NB-IoT 终端是否取得 IP 地址

4.3.2　手动接入网络

手动接入网络的流程是对多项需要配置的参数进行手动配置，通过给 NB-IoT 终端发送 AT 指令，使能终端无线电射频及网络附着，如图 4-5 所示，相关指令及介绍如表 4-21 所示。

图 4-5　手动接入网络流程

表 4–21   手动接入网络操作的相关指令及介绍

序号	执行指令	模组返回	说明
1	AT+NCONFIG=AUTOCONNECT, FALSE	OK	将 NB-IoT 模组切换为手动接入网络模式
2	AT+NRB	REBOOTING REBOOT_CAUSE_APPLICATION_AT Neul OK	重启保存配置
3	AT+NBAND=5	OK	设置指定的搜索频段，参数和使用的运营商网络有关。其中，5 表示中国电信；3、8 表示中国联通；8 表示中国移动
4	AT+CFUN=1	OK	设置 NB-IoT 终端为全功能模式
5	AT+CIMI	460111174590523 OK	查询 IMEI，判断 SIM 卡是否接入
6	AT+CGATT=1	OK	触发附着网络请求
7	AT+CEREG?	+CEREG:0,1 OK	查询网络注册状态
8	AT+CGATT?	+CGATT:1 OK	查询终端是否成功附着网络
9	AT+CGPADDR	+CGPADDR:0,10.3.42.109 OK	查询 NB-IoT 终端是否取得 IP 地址

4.3.3 清除保存的频点

支持多频段的 NB-IoT 终端，在成功连接网络后，会记录并保存上次联网的频点。这种做法可以缩短下次联网的时间，但是一旦 NB-IoT 运营商或其他信息发生改变，就会造成联网慢甚至失败等现象。此时需要清除保存的频点，让 NB-IoT 模组可以重新搜网。"AT+NCSEARFCN"指令可以清除保存的频点，重新接入网络后会选择更为优质的接入点进行接入，相关指令及介绍如表 4-22 所示。

表 4–22   清除保存的频点的指令及介绍

执行指令	模组返回	说明
AT+NCSEARFCN	OK	使用此指令前，必须先通过 "AT+CFUN=0" 指令关闭模组射频功能

4.4 NB-IoT Socket 通信

本书配套的 EVB_M1 主板上的 NB-IoT 模组支持 UDP 和 TCP，本节将使用 UDP 和 TCP 创建 Socket 来实现数据的收发测试。

4.4.1 UDP 数据通信

本小节将使用 AT 指令操作 NB-IoT 模组，使其通过 UDP 将数据发送至 UDP 服务器（Server），并接收来自 UDP 服务器的消息，具体流程如图 4-6 所示。

图 4-6   UDP 数据通信具体流程

1. 创建 UDP 服务器

需要注意的是，创建 UDP 服务器必须要基于公网 IP 地址。开发者如果没有公网环境，则可以选用华为云的远程服务器进行测试。远程登录华为云服务器桌面，将<EVB_M1_资料\01 Software\工具>目录下的"TCP/UDP Socket 调试工具"复制到远程服务器中并双击打开，如图 4-7 所示。

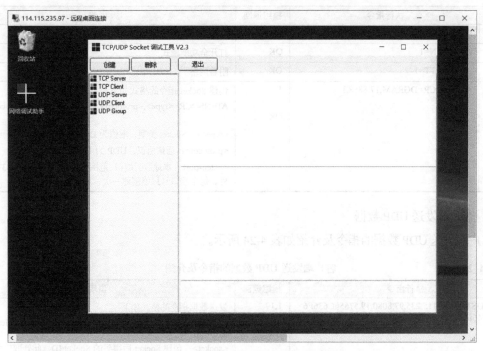

图 4-7　打开 TCP/UDP Socket 调试工具

选择"UDP Server"选项并单击"创建"按钮，输入本地监听端口号。此端口号设置范围为 1～65535，以"8080"端口为例，输入端口号，如图 4-8 所示，单击"确定"按钮，启动 UDP 服务器。

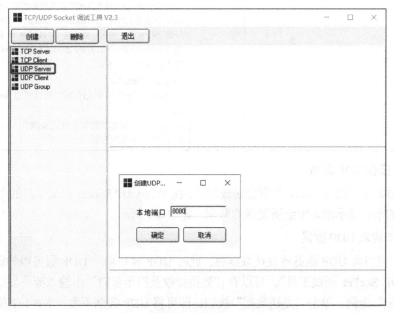

图 4-8　输入端口号

2. 创建 UDP 客户端

UDP 客户端由 NB-IoT 终端创建，本例采用手动联网方式来创建 UDP 客户端，创建 UDP 客户端的指令及介绍如表 4-23 所示。

表 4-23 创建 UDP 客户端的指令及介绍

序号	执行指令	模组返回	说明
1	AT+NCONFIG=AUTOCONNECT,FALSE	OK	关闭自动联网功能
2	AT+CFUN=1	OK	打开全功能模式
3	AT+CGATT=1	OK	附着网络
4	AT+NSOCR=DGRAM,17,8888,1	1 OK	创建 Socket 指令的格式如下： AT+NSOCR=<type>,<protocol>,<listen-port>[,<receive control>] <type>： Socket 类型，取值为 DGRAM <protocol>：通信协议，UDP 为 17 <listen-port>：本地监听端口，范围是 1～65535，除 5683 和 5684 外，每个端口号只能创建一次，重复创建会报错

3. 客户端发送 UDP 数据

客户端发送 UDP 数据的指令及介绍如表 4-24 所示。

表 4-24 客户端发送 UDP 数据的指令及介绍

执行指令	模组返回	说明
AT+NSOST=1,114.115.235.97,8080,19,57656C636F6D6520746F20496F54436C754221	1,19 OK	发送数据指令的格式如下： AT+NSOST=<socket>,<remote_addr>,<remote_port>,<length>,<data> <socket>：创建 Socket 后得到的 Socket ID，此处取值为 1 <remote_addr>：服务器 IP 地址。本例中为前面创建的 UDP 服务器公网 IP 地址 <remote_port>：服务器创建的 UDP 通信端口号。本例中为 8080 <length>,<data>：待发送的数据长度和数据实体。需要注意的是，data 必须是十六进制；length 是 data 的字节长度，而不是十六进制的字符长度。例如，要发送 "Welcome to IoT CluB!"，则 data 为 "57656C636F6D6520746F20496F54436C754221"，length 为 "19" 模组返回格式如下： <socket>,<length> <socket>：创建 UDP 通信端口时返回的 Socket 编号。本例中取值为 1 <length>：已发送的数据长度。本例中 "1,19" 表示 1 通道发送了 19 个字节的数据

4. 服务器接收 UDP 数据

执行以上数据发送指令，UDP 数据发送成功后，在 TCP/UDP Socket 调试工具的"数据收发窗口"中会以字符串的形式显示刚才模组所发送的数据，如图 4-9 所示。

5. NB-IoT 读取 UDP 数据

在 NB-IoT 模组向 UDP 服务器发送数据后，此时 UDP 客户端和 UDP 服务器的链路已经打通。通过"TCP/UDP Socket 调试工具"，可以在"数据接收及提示窗口"中输入要下发的数据，这里以 "www.iotclub.net" 为例，单击"发送数据"按钮，即可将 UDP 数据下发至 NB-IoT 模组，如图 4-10 所示。

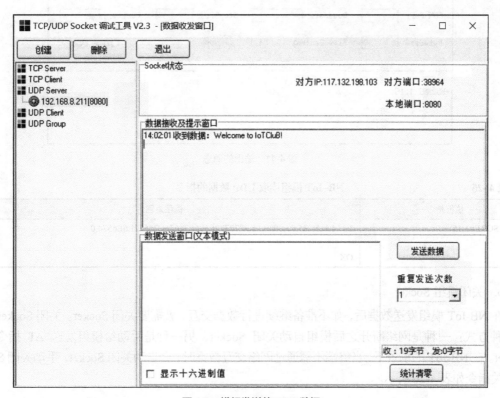

图 4-9　模组发送的 UDP 数据

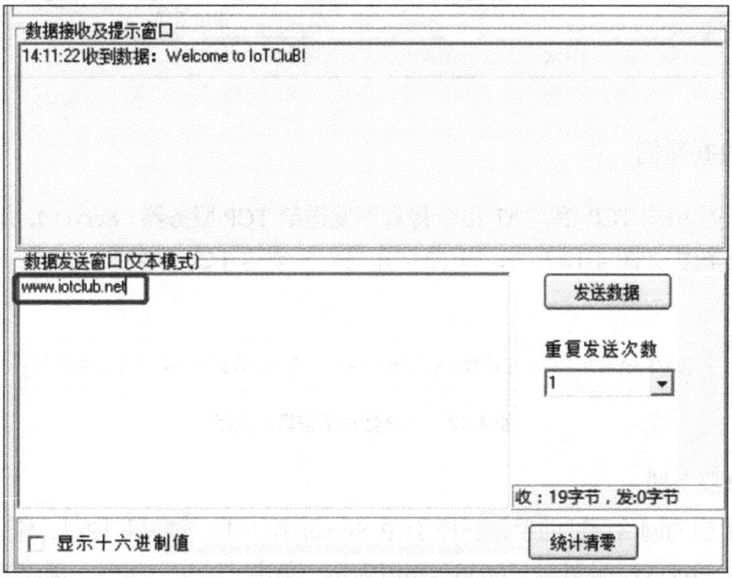

图 4-10　UDP 数据下发

UDP Server 发送数据后，如果 NB-IoT 模组收到数据后输出图 4-11 所示的消息，表示在模组中编号为 1 的 Socket 端口上收到 15 字节的数据。此时，可对模组发送读取数据的指令，如表 4-25 所示。若收到的数据没有被及时读取，则可能导致下次模组收到数据之后不再主动输出接收的信息。

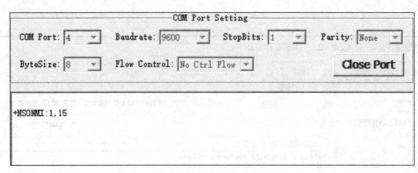

图 4-11　输出的消息

表 4–25　　　　　　　　　　　　　　NB–IoT 模组读取 UDP 数据的指令

执行指令	模组返回
AT+NSORF=1,15	1,114.115.235.97,8080,15,7777772E696F74636C75622E6E6574,0
	OK

6. 关闭模组 Socket

在 NB-IoT 模组发送数据后，如不准备继续进行数据交互，就需要关闭 Socket。关闭 Socket 一般有两种方式：一种是网络断开之后模组自动关闭 Socket，另一种是手动给模组发送 AT 指令关闭 Socket。在 NB-IoT 的场景下，当终端不需通过网络交互数据时，会自动关闭 Socket，手动关闭 Socket 的相关指令如表 4-26 所示。

表 4–26　　　　　　　　　　　　　手动关闭 Socket 的相关指令

执行指令	模组返回
AT+NSOCL=1	OK

4.4.2　TCP 数据通信

本小节将使用模组的 TCP 相关 AT 指令将数据发送给 TCP 服务器（Server），并接收 TCP 服务器下发的消息，具体流程如图 4-12 所示。下面将介绍如何创建 TCP 服务器，并逐一讲解 TCP 数据收发相关指令。

图 4-12　TCP 数据通信具体流程

1. 创建 TCP 服务器

打开前文中提到的网络调试助手，选择 TCP Server 并单击"创建"按钮。输入本地端口号，端口号取值范围为 1～65535，此处以"6666"端口为例。单击"确定"按钮，创建 TCP 服务器，如图 4-13 所示。

2. 创建 TCP 客户端

TCP 客户端和 UDP 客户端一样，是由 NB-IoT 模组创建的。在 QCOM 调试工具中，输入 AT 指令创建 TCP 客户端，其指令及介绍如表 4-27 所示。

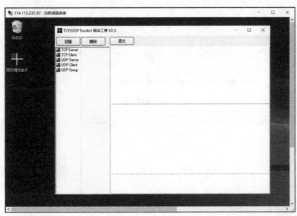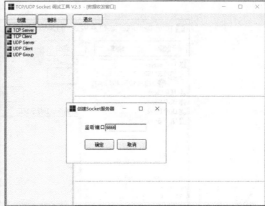

图 4-13　创建 TCP 服务器

表 4-27　　　　　　　　　　　　创建 TCP 客户端的指令及介绍

序号	执行指令	模组返回	说明
1	AT+NCONFIG=AUTOCONNECT,FALSE	OK	关闭自动联网功能
2	AT+CFUN=1	OK	打开全功能模式
3	AT+CGATT=1	OK	附着网络
4	AT+NSOCR=STREAM,6,4587	1 OK	创建 TCP Socket 发送数据指令格式如下： AT+NSOCR=\<type\>,\<protocol\>,\<listen_port\> \<type\>：Socket 类型，取值为 STREAM； \<protocol\>：通信协议，UDP 是 6； \<listen_port\>：本地监听端口，范围是 1～65535，除 5683 和 5684 外，每个端口号只能创建一次，重复创建会报错
5	AT+NSOCO=1,114.115.235.97,6666	OK	连接 TCP 服务器 发送数据的指令格式如下： AT+NSOCO=\<socket\>,\<remote_addr\>,\<remote_port\> \<socket\>：前面创建 Socket 后得到的 Socket ID，此处取值为 1； \<remote_addr\>：服务器 IP 地址，这里指前面创建的 TCP 服务器的 IP 地址； \<remote_port\>：服务器开设的 TCP 通信端口号。此处以 8080 为例
6	AT+NSOSD=1,19, 57656C636F6D6520746F20496F54436C7544221	1,19 OK	发送数据的指令格式如下： AT+NSOSD=\<socket\>,\<length\>,\<data\> \<socket\>：创建 Socket 后得到的 Socket ID，此处取值为 1； \<length\>,\<data\>：待发送的数据长度和数据实体。需要注意的是，data 必须是十六进制格式，length 是 data 的字节长度，而不是十六进制格式的字符长度； 模组返回格式如下： \<socket\>,\<length\> \<socket\>：创建 TCP 通信端口时返回的 Socket 编号； \<length\>：已发送的数据长度

3. 服务器接收 TCP 数据

使用 TCP 协议时，当 TCP 客户端与 TCP 服务器连接成功时，"Socket 状态"会显示为"已连接"，如图 4-14 所示。成功发送数据后，"数据接收及提示窗口"中会显示收到的数据内容，如图 4-15 所示。

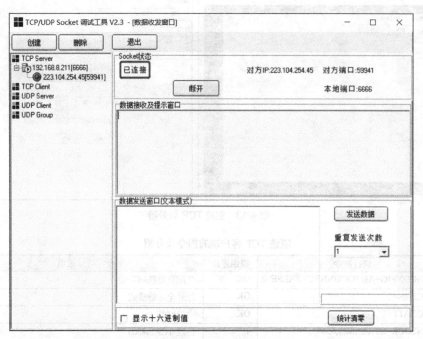

图 4-14　Socket 状态

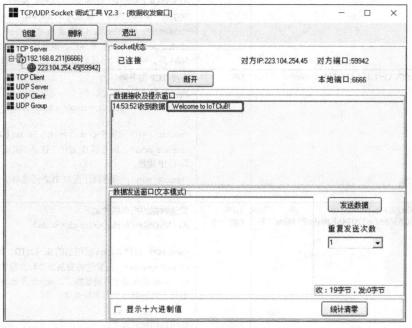

图 4-15　收到的数据内容

4. NB-IoT 读取 TCP 数据

当 TCP 客户端和 TCP 服务器端建立连接后，两者可以相互通信。在 TCP/UDP Socket 调试工具的"数据发送窗口（文本模式）"中输入任意数据，此处以"www.iotclub.net"为例，如图 4-16 所示。

在 TCP 服务端发送数据完成后，如果模组收到数据，则会输出图 4-17 所示的消息，表示在编号为 1 的 Socket 端口上收到 15 字节的数据。

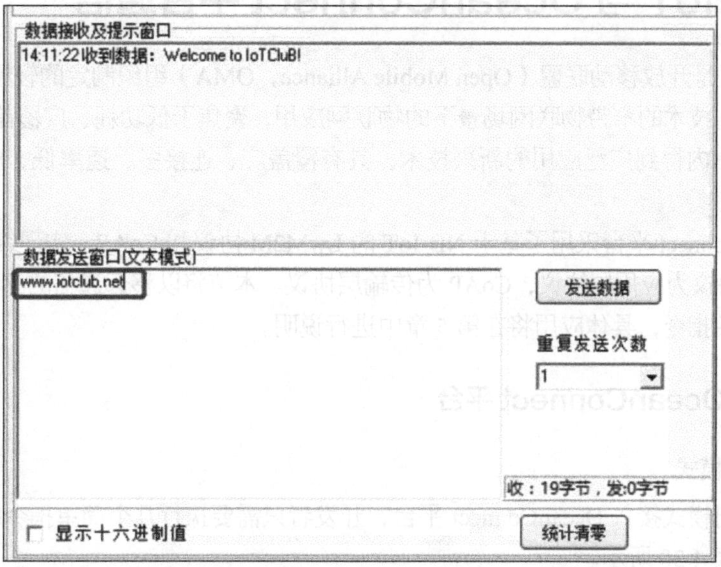

图 4-16 发送 TCP 数据

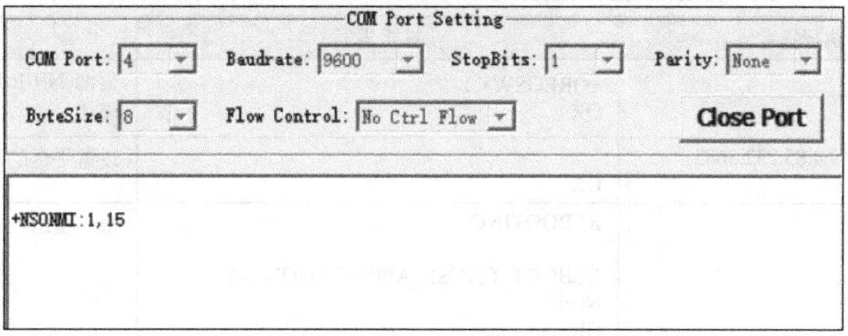

图 4-17 模组收到的数据

对模组发送读取数据的指令，可以将收到的数据读取出来，相关指令如表 4-28 所示。如果没有及时读取该数据，则可能导致模组再次收到数据时不会主动输出接收信息。

如果模组长时间没有向外部发送数据，或者网络调试助手长时间没有上报数据，则模组会进入休眠模式，将导致下发的数据无法被模组接收，此时需要先上报一条数据退出这个模式。

表 4-28　　　　　　　　　　　　　　　NB-IoT 读取 TCP 数据的相关指令

执行指令	模组返回
AT+NSORF=1,15	1,114.115.235.97,6666,15,7777772E696F74636C75622E6E6574,0 OK

5. 关闭 Socket

数据发送结束后，若想断开与服务器的连接，则可关闭 Socket。关闭 Socket 的指令如表 4-29 所示。

表 4-29　　　　　　　　　　　　　　　关闭 Socket 的指令

执行指令	模组返回
AT+NSOCL=1	OK

4.5 NB-IoT 与 OceanConnect 平台通信

LwM2M 协议是开放移动联盟（Open Mobile Alliance，OMA）组织制定的轻量化的 M2M 协议，主要面向基于蜂窝技术的窄带物联网场景下的物联网应用，聚焦于低功耗、广覆盖物联网应用场景，是一种在全球范围内得到广泛应用的新兴技术，具有覆盖广、连接多、速率低、成本低、功耗低、架构优等特点。

华为 OceanConnect 平台采用了基于 NB-IoT 的 LwM2M 协议和 CoAP，实现终端与平台的通信，其中，LwM2M 协议为应用层协议，CoAP 为传输层协议。本节将以移远通信的 BC35-G 模组为例分析两种协议的相关指令，具体应用将在第 5 章中进行说明。

4.5.1 注册到 OceanConnect 平台

1. 自动注册模式

使用自动注册模式接入 OceanConnect 平台，开发者只需要执行几个简单指令即可查询模组是否已接入网络，如表 4-30 所示。

表 4-30　　　　　　使用自动注册模式注册到 OceanConnect 平台的指令及介绍

序号	执行指令	模组返回	说明
1	AT+QREGSWT?	+QREGSWT:1 OK	查询 NB-IoT 模组是否为自动注册模式
2	AT+NCDP=49.4.85.232,5683	OK	设置平台的地址
3	AT+NRB	REBOOTING REBOOT_CAUSE_APPLICATION_AT Neul OK	重启模组
4	AT+CGPADDR	+CGPADDR:0,10.3.42.109 OK	查询终端的 IP 地址
5		+QLWEVTIND:0	成功注册的通知
6		+QLWEVTIND:3	当模组报告此消息时，终端可以将数据发送到物联网平台

2. 手动注册模式

手动注册模式主要包含设置 NCDP 地址、执行注册平台命令、等待终端响应注册结果几个步骤。手动注册模式的指令及介绍如表 4-31 所示。

表 4-31　　　　　　手动注册模式的指令及介绍

序号	执行指令	模组返回	说明
1	AT+CGATT?	+CGATT:1 OK	查询注册状态
2	AT+NCDP=49.4.85.232, 5683	OK	设置平台的地址
3	AT+QREGSWT?	+QREGSWT:0 OK	查询注册模式
4	AT+QLWSREGIND=0	OK	执行注册到平台的指令
5		+QLWEVTIND:0	成功注册的通知

序号	执行指令	模组返回	说明
6		+QLWEVTIND:3	当模组报告此消息时，终端可以将数据发送到物联网平台
7	AT+QLWSREGIND=1	OK	取消注册到平台
8		+QLWEVTIND:1	取消注册成功

4.5.2　使用 OceanConnect 平台收发数据

NB-IoT 终端成功注册到平台后，便能够与平台进行数据收发通信。模组可使用相关 AT 指令将数据发送到 OceanConnect 平台，如"AT+QLWULDATA"指令。该指令用于通过 LwM2M 协议发送数据，如果消息无法发出，则模组会自动输出<err>代码和错误描述。NB-IoT 模组与 OceanConnect 平台的通信流程如表 4-32 所示。

表 4-32　　　　　　　　　　NB-IoT 模组与 OceanConnect 平台的通信流程

序号	执行指令	模组返回	说明
1		+QLWEVTIND:0 +QLWEVTIND:3	模组成功注册，可以发送消息到平台中
2	AT+QLWULDATA=3,313233	OK +NNMI:4,AAAA0000	发送一条消息到平台
3	AT+QLWULDATAEX=3,313233, 0X0100	OK	发送一条带标识信息的消息到平台
4		+QLWULDATSTATUS:4	发送消息成功的通知
5		+NNMI:4,AAAA0000	收到来自平台的 4 字节的消息
6	AT+QLWULDATSTATUS?	+QLWULDATSTATUS:4 OK	查询有响应消息的发送状态

4.6　NB-IoT 与 IPv6 应用

随着物联网的快速发展，IPv4 未来将不能满足海量物联网终端的 IP 地址分配需求。目前，联网终端所获取的 IP 地址，多数是运营商内网 IP 地址，要想和外网进行数据交换，就需要运营商核心网通过 NAT 的方式转发实现。而 IPv6 的普及，将使这一大问题得到有效解决，届时所有的联网终端都能被分配到全球唯一的 IP 地址，两个具有 IPv6 地址的终端可以直接进行通信。本节将介绍如何通过 IPv6 进行通信。

4.6.1　获取 IPv6 地址

在网络及终端支持的情况下，NB-IoT 模组成功附着网络后，终端可获得 IPv6 地址。IPv6 地址可以通过"AT+CGPADDR"指令显示，如表 4-33 所示。

表 4-33　　　　　　　　　　NB-IoT 模组获取 IPv6 地址

执行指令	模组返回	说明
AT+CGPADDR	+CGPADDR:1,101.43.5.1 +CGPADDR:2,2001:db8:85a3::8a2e:370	如网络支持，每个 APN 可获得一个 IP 地址。此处共获得两个 IP 地址： +CGPADDR:1 为 IPv4 地址 +CGPADDR:2 为 IPv6 地址

4.6.2 NB-IoT 终端直接通信

IPv6 使得每个终端都可以获得唯一的公网 IP 地址，可以实现对两个终端的直接通信。下面介绍两个 NB-IoT 终端 A 和 B，在 IPv6 网络中进行 UDP 通信的流程及相关指令。

1. NB-IoT 终端 A 的准备工作

先使用初始化指令将 NB-IoT 终端 A 接入网络，再创建一个基于 IPv6 的 UDP Socket，并监听 5001 端口。NB-IoT 终端 A 的准备工作流程如表 4-34 所示。

表 4-34　　　　　　　　　　　　NB-IoT 终端 A 的准备工作流程

序号	执行指令	模组返回	说明
1	AT+NCONFIG=AUTOCONNECT, FALSE	OK	关闭自动联网功能
2	AT+CFUN=1	OK	打开全功能模式
3	AT+CGATT=1	OK	附着网络
4	AT+CGPADDR	+CGPADDR:1,101.43.5.1 +CGPADDR:2,2001:db8:85a3::8a2e:370 +CGPADDR:3	其中+CGPADDR:2 为获取到的 IPv6 地址
5	AT+NSOCR=DGRAM,17,5001,1, AF_INET6	1 OK	创建一个基于 IPv6 的 UDP Socket，并监听 5001 端口

2. NB-IoT 终端 B 的准备工作

NB-IoT 终端 B 也需要先接入网络，获取到 IPv6 地址后，创建一个基于 IPv6 的 UDP Socket，并监听 5002 端口。NB-IoT 终端 B 的准备工作流程表 4-35 所示。

表 4-35　　　　　　　　　　　　NB-IoT 终端 B 的准备工作流程

序号	执行指令	模组返回	说明
1	AT+NCONFIG=AUTOCONNECT, FALSE	OK	关闭自动联网功能
2	AT+CFUN=1	OK	打开全功能模式
3	AT+CGATT=1	OK	附着网络
4	AT+CGPADDR	+CGPADDR:1,101.43.5.1 +CGPADDR:2,2001:db8:85a3::5e3a:770 +CGPADDR:3	其中+CGPADDR:2 为获取到的 IPv6 地址
5	AT+NSOCR=DGRAM,17,5002,1, AF_INET6	1 OK	创建一个基于 IPv6 的 UDP Socket，并监听 5002 端口

3. 终端 A 与终端 B 直接通信

终端 A 和 B 都已经成功联网并获取到 IPv6 地址，此时可通过 AT 指令实现终端 A 与终端 B 的直接通信，如表 4-36 所示。

表 4-36　　　　　　　　　　　　终端 A 与终端 B 通过 IPv6 直接通信

序号	执行指令	模组返回	说明
1	AT+NSOST=1, 2001:db8:85a3::5e3a:770,5002,3,010203	1,3 OK	终端 A 向终端 B 发送数据
2	AT+NSOST=1, 2001:db8:85a3::8a2e:37,5001,3,030201	1,3 OK	终端 B 向终端 A 发送数据

4.7　NB-IoT 低功耗设计

低功耗技术是 NB-IoT 区别于 2G、3G 等蜂窝技术的主要特点。本节将通过实际操作初步了解 NB-IoT 低功耗技术的实现机制，实际体验 NB-IoT 通信模组的 PSM 和 eDRX 技术的功能与配置，以及与数据发送相关的发布助理指示（Release Assistant Indication，RAI）技术的应用。

4.7.1　NB-IoT 中 PSM 和 eDRX 技术的功能与配置

NB-IoT 采用了 PSM 和 eDRX 技术来节省功耗，使 NB-IoT 终端具有更长的工作周期。

eDRX 技术进一步延长了终端在空闲模式下的睡眠周期。eDRX 模式下，NB-IoT 模组会睡眠一小段时间来节省功耗，然后唤醒一小段时间查看平台是否有数据下发，在这个过程中，终端可以接收到平台下发的数据。eDRX 模式下，随着睡眠周期的延长，终端节省的功耗也更多。

除了 eDRX 模式，还可以让设备进入 PSM 模式，通过减少不必要的信令处理以及让设备不接受寻呼信息从而达到省电的目的。在 PSM 模式下，终端仍旧注册在网，但平台下发的消息无法下达到模组中（也就相当于 NB-IoT 模组一旦进入了 PSM 模式就无法被平台唤醒，只能通过终端主动唤醒），从而使终端更长时间地驻留在休眠态以达到省电的目的。

1．PSM 技术的功能及配置

PSM 是 3GPP R12 协议中引入的一种独立状态，支持 PSM 技术的 UE 终端在空闲态持续一段时间后，会进入到休眠态；此时，UE 终端的射频部分（PA）停止工作，终端接入层（AS）停止部分相关功能，以减少射频、信令处理等功能的功耗，从而降低整体功耗。

由于 UE 终端射频部分停止工作，接收不到任何寻呼及调度，对于网络侧来说，UE 终端此时处于不可达的状态，数据、短信均无法到达终端。但此时，终端在网络中还是被标记为注册状态（Registered）。因此，当 NB-IoT 终端模组从 PSM 模式主动唤醒后，无须重新建立 PDN 连接，即可直接发送数据。

如图 4-18 所示，终端先是处于激活态，这个状态时长一般为 20s，功耗最高；如果这段时间内终端没有与运营商基站发生数据交互，终端就会进入空闲态，空闲态的时长是由激活定时器（T3324）决定的；激活定时器超时后，终端会进入 PSM 态，此时功耗最低。一个 IDLE+PSM 的时长定义为一个 TAU 周期，所以 PSM 状态的时长是由 TAU 定时器和激活定时器共同决定的。根据应用场景的不同，可以通过 AT 指令进行配置以达到符合应用场景且功耗最低的效果，同时能增加产品的使用寿命。下面介绍 PSM 参数的配置方法，PSM 参数配置流程如表 4-37 所示。

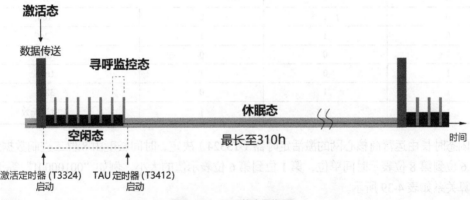

图 4-18　PSM 状态周期图

表 4-37   **PSM 参数配置流程**

序号	执行指令	模组返回	说明
1	AT+NCONFIG=AUTOCONNECT, FALSE	OK	关闭自动联网功能
2	AT+NRB		重启后，关闭自动联网功能生效
3	AT+CFUN=1	OK	设置为全功能模式
4	AT+CPSMS=1,,,10000011,00100001	OK	使能 PSM 模式，设置 TAU 周期和空闲状态（IDLE）时长
5	AT+CSCON=1	OK	使能 Connect 状态 URC 上报功能
6	AT+NPSMR=1	OK	使能 PSM 状态 URC 上报功能
7	AT+CEREG=5	OK	使能网络注册状态 URC 上报功能
8	AT+CGATT=1	OK	附着基站注册网络
9		+CEREG:2,0000,00000000,9,,,,	终端正在注册网络
10		+CSCON:1	建立 RRC 连接
11		+CEREG:1,3F47,04026456,9,,,001000 01,00111000	自动上报 PSM 模式基站分配参数
12		CSCON:0	20s 后释放 RRC 连接，退出激活态，进入空闲态
13		+NPSMR:1	释放 RRC 后维持 1min 的空闲态，并进入休眠态

TAU 周期是由核心网的 TAU 定时器（T3412）决定的，时间长度是由 8 位二进制数据组成的。其中，第 6 位到第 8 位表示时间单位，第 1 位到第 6 位表示值的大小，例如，"10000011"等于 90s，具体的换算关系如表 4-38 所示。

表 4-38   **T3412 定时器具体的换算关系**

Bit 8	Bit 7	Bit 6	时间说明
0	0	0	10min
0	0	1	1h
0	1	0	10h
0	1	1	2s
1	0	0	30s
1	0	1	1min
1	1	0	320h
1	1	1	定时器无效

空闲态时长由运营商核心网的激活定时器（T3324）决定，时间长度由 8 位二进制数据组成。其中，第 6 位到第 8 位表示时间单位，第 1 位到第 6 位表示值的大小，例如"00100001"等于 1min，具体换算关系如表 4-39 所示。

表 4-39 | | | T3324 定时器具体的换算关系

Bit 8	Bit 7	Bit 6	时间说明
0	0	0	2s
0	0	1	1min
0	1	0	6min
1	1	1	定时器无效

2. eDRX 技术的功能及配置

eDRX 是 3GPP R13 协议中引入的一种状态，在此之前已经有 DRX 技术存在，如图 4-19 所示。eDRX 技术是对原 DRX 技术的一种扩展，eDRX 拥有比 DRX 更长的寻呼周期，使得终端能够更好地降低功耗。与此同时，eDRX 也会导致更长的下行数据延时，所以 eDRX 更适合应用在对下行数据时间要求紧迫性不是很高的场景中，如货物物流监控。

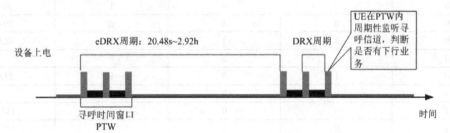

图 4-19　eDRX 状态周期图

为了满足不同场景对下发命令和功耗的要求，开发者可以通过设置 eDRX 周期和 PTW 周期来最大程度地满足场景的需求，具体设置流程如表 4-40 所示。

表 4-40 | | | NB-IoT 模组 eDRX 具体设置流程

序号	执行指令	模组返回	说明
1	AT+NCONFIG=AUTOCONNECT, FALSE	OK	关闭自动联网功能
2	AT+NRB		重启后，关闭自动联网功能生效
3	AT+CFUN=1	OK	设置为全功能模式
4	AT+CPSMS=0	OK	关闭 PSM 模式
5	AT+NPTWEDRXS=2,5,0001,0010	OK	使能 eDRX 模式并设置 PTW 周期和 eDRX 周期，0001 表示 5.12s
6	AT+CSCON=1	OK	使能激活态 URC 上报功能
7	AT+NPSMR=1	OK	使能休眠态 URC 上报功能
8	AT+CEREG=5	OK	使能网络注册状态 URC 上报功能
9	AT+CGATT=1	OK	连接基站注册网络
10		+CSCON:1	建立 RRC 连接，进入激活态
11		+CEDRXP:5,"0010","0010","0001"	自动上报 eDRX 请求参数及基站分配参数

序号	执行指令	模组返回	说明
12		+NPTWEDRXP:5,"0001","0010","0010","0001"	自动上报 eDRX 请求参数及基站分配参数
13		+CSCON:0	20s 后释放 RRC 连接,退出激活态,进入 eDRX 模式
14		+CSCON:1	建立 RRC 连接
15		+NNMI:2,4F4E	平台下发命令实时接收

eDRX 周期值和 PTW 周期值都是由 4 位二进制数据组成的,具体数据请参考表 4-41 和表 4-42。

表 4-41 eDRX 周期值具体数据

Bit 4	Bit 3	Bit 2	Bit 1	周期值
0	0	0	0	
0	0	0	1	eDRX
0	0	1	0	20.48 s
0	0	1	1	40.96 s
0	1	0	0	
0	1	0	1	81.92 s
1	0	0	0	
1	0	0	1	163.84 s
1	0	1	0	327.68 s
1	0	1	1	655.36 s
1	1	0	0	1310.72 s
1	1	0	1	2621.44 s
1	1	1	0	5242.88 s
1	1	1	1	10485.76 s

表 4-42 PTW 周期值具体数据

Bit 4	Bit 3	Bit 2	Bit 1	周期值
0	0	0	0	2.56 s
0	0	0	1	5.12 s
0	0	1	0	7.68 s
0	0	1	1	10.24 s
0	1	0	0	12.80 s
0	1	0	1	15.36 s
0	1	1	0	17.92 s
0	1	1	1	20.48 s
1	0	0	0	23.04 s
1	0	0	1	25.60 s
1	0	1	0	28.16 s
1	0	1	1	30.72 s
1	1	0	0	33.28 s
1	1	0	1	35.84 s
1	1	1	0	38.40 s
1	1	1	1	40.96 s

4.7.2　NB-IoT 低功耗 RAI 技术应用

NB-IoT 模组在发送完数据后，默认情况下会和基站保持 20s 的 RRC 连接。在上报类应用场景下，并不需要实时下发数据，如远传水表、燃气表等标记类应用。如果在 NB-IoT 终端上报完数据后，让终端立即进入休眠，就可以有效地降低功耗。基于华为海思 Boulica150 的 NB-IoT 终端，可以通过 RAI 功能使模组在发送完数据后快速进入休眠状态。

使 NB-IoT 终端快速休眠，需要在模组发送数据时携带 RAI 指示标志。运营商核心网根据该 RAI 指示标志释放 RRC 连接，让模组快速进入空闲态，从而节省功耗。在小区重选功能开启时，RAI 功能有助于模组快速进行临近小区信号的测量。本小节描述了 RAI 功能的相关 AT 指令，并通过操作示例详细介绍如何使用 RAI 功能。

1. RAI 功能相关 AT 指令

模组发送上行数据时携带 RAI 指示标志，核心网根据此指示标志来决定是否需要立即释放当前 RRC 连接状态，具体指示标志有以下两种。

① 当前数据发送完成后，后续没有上行或下行数据，则立即释放 RRC 连接。

② 当前数据发送完成后，仅有一条下行数据（如应答或对上行数据的响应），且后续没有其他上行数据交互，则立即释放 RRC 连接。

（1）"AT+NSOSTF" 指令

通过 "AT+NSOSTF" 指令，可向远端服务器发送 UDP 数据并携带标志位，指令格式描述如表 4-43 所示，指令参数释义如表 4-44 所示。

表 4-43　NSOSTF 指令格式描述

执行指令	模组返回
AT+NSOSTF=\<socket>,\<remote_addr>,\<remote_port>,\<flag>,\<length>,\<data>	\<socket>,\<length>
	OK

表 4-44　NSOSTF 指令参数释义

参数名	参数释义	
\<socket>	通过 "AT+NSOCR" 指令建立的 Socket	
\<remote_addr>	IPv4 地址，点分表示	
\<remote_port>	远端服务器 UDP 端口号，值为 0~65535	
\<flag>	标志位。以十六进制表示，若需要同时设置多个标志，则该参数由各标志位进行逻辑或（OR）运算得到	
	0	不设置任何标志位
	0x100	特殊消息数据。以高优先级发送，需要 USIM 支持
	0x200	RRC 连接释放指示。上行数据发送完成后，指示核心网立即释放连接
	0x400	RRC 连接释放指示。上行数据发送完成并收到下行数据回复后，指示核心网立即释放连接
\<length>	已发送数据长度。以十进制表示，最大数据长度为 512 字节	
\<data>	已接收的数据。以十六进制字符串或带引号的字符串格式表示	

（2）"AT+QLWULDATAEX" 指令

通过 "AT+QLWULDATAEX" 指令可向 OceanConnect 平台发送携带辅助释放指示的 CoAP CON（Confirmable）数据或 NON（Non-confirmable）数据，指令格式描述如表 4-45 所示，指令参数释义

如表 4-46 所示。

表 4-45   QLWULDATAEX 指令格式描述

执行指令	模组返回
AT+QLWULDATAEX=\<length>,\<data>,\<mode>	\<socket>,\<length>
	OK

表 4-46   QLWULDATAEX 指令参数释义

参数名	参数释义	
\<length>	已发送数据长度。以十进制表示，最大数据长度为 512 字节	
\<data>	已接收的数据。以十六进制字符串或带引号的字符串格式表示	
\<mode>	发送的 CON/NON 数据模式	
	0x0000	发送 NON 数据
	0x0100	发送 CON 数据
	0x0001	发送 NON 数据，带 RELEASE 标记
	0x0101	发送 CON 数据，带 RELEASE_AFTER_REPLY 标记

2. RAI 功能操作示例

前面已经初步讲解了 RAI 指令的使用方法,接下来分别针对 UDP 和 CoAP 的 RAI 功能进行实际动手操作。

（1）发送 UDP 数据并携带标志位

通过 "AT+CSCON" 指令使能 URC 上报功能。通过 URC 的上报状态,可判断标志位是否生效,具体操作流程如表 4-47 所示。

表 4-47   发送携带 RAI 标志位的 UDP 数据的具体操作流程

序号	执行指令	模组返回	说明
1	AT+CSCON=1	OK	使能 URC 上报功能
2		+CSCON:0	上报当前信令连接状态为断开
3	AT+NSOCR=DGRAM,17,1234,1	0 OK	创建 UDP Socket，取值为 0
4	AT+NSOSTF=0,220.180.239.212,8052,0x400,2,0102	0,2 OK	使用 0x400 标志位发送数据
5		+CSCON:1	上报当前信令连接状态为连接
6		+NSONMI:0,2	收到下行数据后，立即释放 RRC 连接
7		+CSCON:0	上报当前信令连接状态为断开
8	AT+NSORF=0,2	0,220.180.239.212,8052,2,AB30,0 OK	读取下行数据
9	AT+NSOSTF=0,220.180.239.212,8052,0x200,2,AB30	0,2 OK	使用 0x200 标志位发送数据
10		+CSCON:1	建立 RRC 连接，并开始发送数据
11		+CSCON:0	数据发送完毕后，立即释放 RRC 连接

注：以上示例中的 IP 地址为自行搭建的 UDP 测试服务器 IP 地址，可参考 4.4 节搭建的 UDP 数据通信服务器进行测试。

（2）发送 CoAP CON/NON 数据

通过 "AT+CSCON" 指令使能 URC 上报功能。通过 URC 的上报状态，可判断 RAI 功能是否生效，具体操作流程如表 4-48 所示。发送 CoAP 数据需要先将设备注册在 IoT 平台上，所以此操作演示需要在完成第 5 章的学习后再执行。

表 4-48　　　　发送 CoAP CON/NON 数据判断 RAI 功能生效的具体操作流程

序号	执行指令	模组返回	说明
1	AT+CSCON=1	OK	使能 URC 上报功能
2		+CSCON:0	上报当前信令连接状态
3	AT+NCDP=180.101.147.115,5683	OK	设置 IoT 平台服务器地址
4	AT+QLWULDATAEX=3,AA34BB,0x0001	OK	使用 0x0001 标志位发送 NON CoAP 数据
5		+CSCON:1	建立 RRC 连接，并开始发送数据
6		+CSCON:0	数据发送完毕后，立即释放 RRC 连接
7	AT+QLWULDATAEX=3,AA34BB,0x0101	OK	使用 0x0101 标志位发送 CON CoAP 数据
8		+CSCON:1	建立 RRC 连接，并开始发送数据
9		+QLWULDATASTATUS:4	平台确认收到 CON CoAP 数据
10		+CSCON:0	数据发送完毕后，立即释放 RRC 连接

4.8　本章小结

本章主要讲述 NB-IoT 基础实践开发的实验准备工作，包括了解 NB-IoT 的基本 AT 指令集、通信协议、NB-IoT 的通信流程。

通过本章的学习，开发者能够更深入地理解 NB-IoT 终端与服务器后台进行数据交换的整个流程，能够通过使用 AT 指令的方式调试 NB-IoT 终端模组。

本章的内容是后面章节的基础，掌握本章的内容有助于学习和理解后面的知识。

第5章　物联网平台Ocean-Connect开发实战

第 4 章讲述了 NB-IoT 通信模组的接入网络、数据收发通信以及低功耗应用场景设计。要使 NB-IoT 终端采集的数据与用户交互界面进行对接，NB-IoT 设备需要接入物联网平台进行批量管理及维护。本章将介绍如何在华为 OceanConnect 物联网平台上创建自定义产品，并使用 NB-IoT 通信模组实现与平台的对接。通过本章的学习，开发者能够掌握华为 OceanConnect 平台的使用方法，以及通过 NB-IoT 通信模组向物联网平台发送不同类型的数据的方法。本章还会介绍使用 Postman 软件模拟应用服务器，实现通过调用物联网平台提供的 API 获取平台数据等知识点。

5.1　实验准备

5.1.1　软件准备

（1）串口助手：QCOM V1.6 或者更高版本。

（2）串口驱动程序安装：安装资料驱动包中的串口驱动软件 CH341SER.EXE。

（3）OceanConnect 平台：登录 OceanConnect 平台。

（4）API 调试软件：Postman。

5.1.2　硬件准备

将天线和 NB-IoT 专用 SIM 卡安装在 EVB_M1 主板上，连接多功能跳线帽，切换为 PC 调试模式，如图 5-1 所示。通过 Micro USB 线将 EVB_M1 主板连接到计算机的 USB 口上，打开电源开关，给 EVB_M1 主板通电。此时打开计算机的"设备管理器"窗口，在端口列表中可以查看 PC 与 EVB_M1 主板连接的端口号，如图 5-2 所示，说明串口驱动安装成功，计算机与 EVB_M1 主板已经成功连接，可以进行接下来的实验。

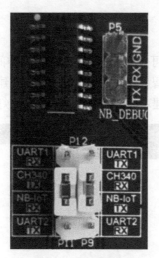

图 5-1　跳线帽连接

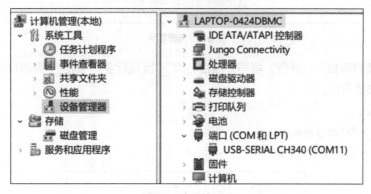

图 5-2　查看端口号

5.2　平台初级开发之平台设计

平台初级开发任务主要是介绍如何快速在 OceanConnect 平台上开发一个产品，并实现设备快速上云。平台的产品开发流程主要由"创建项目""创建产品""Profile 定义""编解码插件开发""在线调测"五大部分组成，如图 5-3 所示。通过本节的学习，开发者能熟悉平台的功能以及掌握平台开发的大致流程。

图 5-3　产品开发流程

5.2.1　场景说明

本小节需要开发者准备一款简易的 NB-IoT 智慧路灯设备（如 EVB_M1 主板+光强扩展板），且需要开发者具有如下能力。

① 具有光照强度数据采集及数据上报功能。

② 支持远程控制命令，可远程开关路灯。

5.2.2　创建项目

在开发中心创建一个项目，即可分配到一个独立的项目空间，开发者可以在项目空间中开发相应的物联网产品和应用。下面将以智慧路灯为例，讲解如何创建新的项目。

（1）登录开发中心，单击"创建项目"按钮，创建智慧路灯项目，如图 5-4 所示。

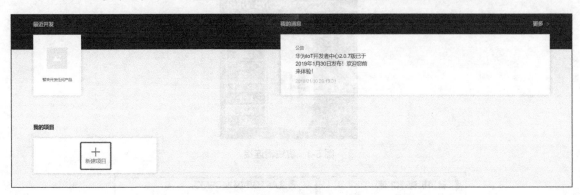

图 5-4　创建项目

（2）打开"新建项目"对话框，填写"项目名称""所属行业""描述"等项目信息后，单击"确定"按钮，如图 5-5 所示。

配置示例如下。

- 项目名称：Smart_Light。
- 所属行业：公用事业（NB-IoT）。

图 5-5　"新建项目"对话框

（3）项目创建成功后，系统会返回"应用 ID""应用密钥"两个参数，如图 5-6 所示。在应用对接物联网平台时需要使用这两个参数，请妥善保存。如果遗忘，则可通过选择"对接信息"→"重置密钥"选项进行重置。

图 5-6 项目创建成功

5.2.3 创建产品

某一类具有相同能力或特征的设备的集合称为一款产品。除了设备实体外，产品还包含该类设备在物联网能力建设中产生的产品信息、产品模型（Profile）、插件、测试报告等资源。下面将以一款智慧路灯产品为例，讲解如何创建一款自定义产品。

（1）选择新创建的项目，进入项目空间后，选择"产品开发"选项，单击"新建产品"按钮，如图 5-7 所示。

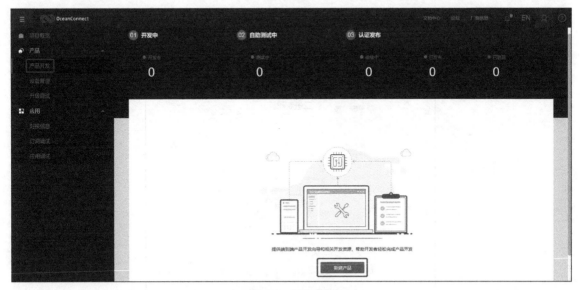

图 5-7 新建产品

（2）进入创建产品界面，选择"自定义产品"选项，并单击"自定义产品"按钮，如图 5-8 所示。

（3）打开"设置产品信息"对话框，填写各项参数后，单击"创建"按钮，如图 5-9 所示。
配置示例如下。

● 产品名称：OneLight。

● 型号：EVB_Light。

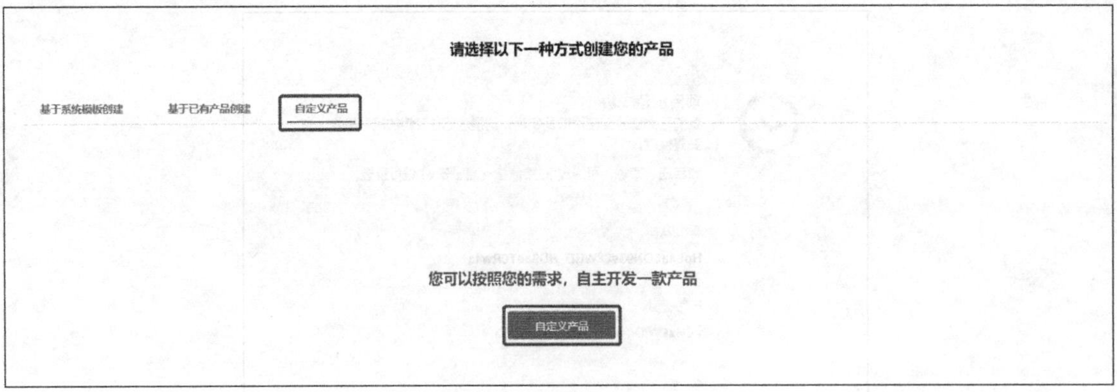

请选择以下一种方式创建您的产品

基于系统模板创建　　基于已有产品创建　　自定义产品

您可以按照您的需求，自主开发一款产品

自定义产品

图 5-8　创建自定义产品

设置产品信息　　　　　　　　　　　　　　　　×

* 产品名称：　OneLight

* 型号：　EVB_Light

* 厂商ID：　5f990d06e32a4261adde6946dd265c1e

* 所属行业：　智慧城市

* 设备类型：　StreetLight

* 接入应用层协议类型：　CoAP

注意：CoAP协议的设备需要完善数据解析，将设备上报的二进制数据转换为平台上的JSON数据格式

* 数据格式：　二进制码流

产品图片：　图片大小为200*200

创建　　　取消

图 5-9　设置产品信息

- 厂商 ID：由系统自动生成，无须配置。
- 所属行业：智慧城市。
- 设备类型：StreetLight。

- 接入应用层协议类型：CoAP（或 LwM2M）。
- 数据格式：二进制码流。

5.2.4　Profile 定义

设备的 Profile 文件是用来描述设备类型和设备服务能力的文件。Profile 文件定义了同一类设备具备的服务能力、属性、命令等。下面将从新建服务、新建属性、新建命令这三个方面出发，定义一款产品的 Profile 文件。

1. 新建服务

（1）在产品详情页面中单击"新建服务"按钮，如图 5-10 所示。

图 5-10　新建服务

（2）新增服务基本信息，服务名称采用驼峰命名方式，这里将服务命名为"Light"，再单击"保存"按钮，如图 5-11 所示。若有多个服务，则新增多条服务。

图 5-11　新增服务基本信息

2. 新建属性

（1）新增服务属性，属性是指终端要上报的数据的属性，包括数据类型和数据长度等信息。在对应的服务下单击"属性列表"右侧的"添加"按钮，如图 5-12 所示，打开"新增属性"对话框。

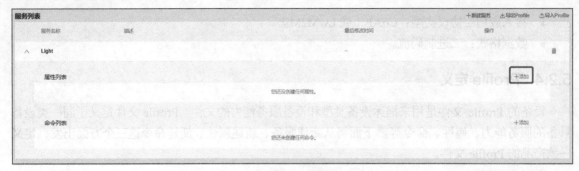

图 5-12　添加属性

（2）在"新增属性"对话框中设置与产品匹配的属性，如图 5-13 所示，各参数解释如下。

● 名称：这里以"light"为例。

● 数据类型：取值为 int、decimal、datetime、string、jsonObject、array。这里以 int 为例。

● 最小值/最大值：仅当数据类型为 int、float 时生效，逻辑为大于等于/小于等于。这里以最小值 0、最大值 65535 为例。

● 步长：暂不使用，填 0 即可。

● 单位：根据参数确定，如温度单位为"℃"、百分比单位为"%"。

● 长度：指字符串长度。仅当数据类型为 string、datetime、jsonObject、array 时生效。

● 枚举值：如烟感属性 activityStatus 的取值有["STANDBY", "RECORDING", "LIVING"]。

● 访问模式：指访问模式。R 表示可读；W 表示可写；E 表示可订阅。取值可为 R、RW、RE、RWE、null。

注："长度""枚举值"仅在数据类型为"string"时才会在"新增属性"对话框中显示。

图 5-13　"新增属性"对话框

3. 新建命令

（1）新增命令，命令是指向终端下发的消息，描述下发的消息类型及其响应参数。在对应的服务下单击"属性列表"右侧的"添加"按钮，如图 5-14 所示，打开"新增命令"对话框。

图 5-14　新建命令

（2）输入命令名称，命令名称指示设备可以执行的命令。例如，门锁的 Lock 命令、摄像头的 Video Record 命令。这里以 Control 为例，如图 5-15 所示。

图 5-15　输入命令名称

（3）添加命令下发字段，命令名称与参数共同构成一个完整的命令，选择 "添加下发命令字段"选项，如图 5-16 所示，进入字段设置界面。

图 5-16　添加下发命令字段

（4）设置下发命令字段的参数，"名称"采用英文命名，其余参数根据此类设备的实际情况进行配置，如图 5-17 所示。

配置示例如下。

- 名称：LED。
- 数据类型：string。
- 长度：3。
- 枚举值（值之间以英文逗号分隔）：ON,OFF。

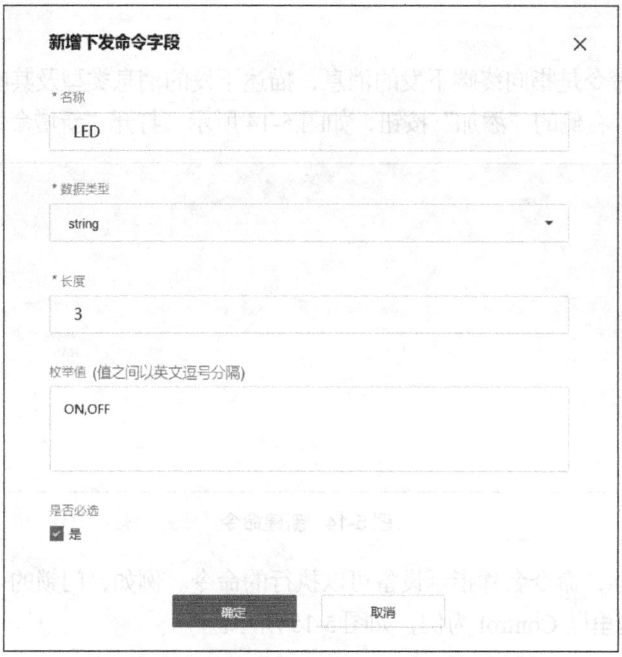

新增下发命令字段
* 名称
LED
* 数据类型
string
* 长度
3
枚举值 (值之间以英文逗号分隔)
ON,OFF
是否必选
是
确定
取消

图 5-17　设置下发命令字段的参数

（5）至此，完成智慧路灯产品 Profile 文件的定义。

5.2.5　编解码插件开发

设备上报数据时，如果“数据格式”为“二进制码流”，则该产品需要进行编解码插件开发。如果“数据格式”为“JSON”，则该产品不需要进行编解码插件开发。

以 NB-IoT 场景为例，NB-IoT 设备和物联网平台之间采用 CoAP 通信，CoAP 消息的 payload 为应用层数据，应用层数据的格式由设备自行定义。由于 NB-IoT 设备一般对省电要求较高，所以应用层数据一般不采用流行的 JSON 格式，而采用二进制数据格式。但是，物联网平台与应用侧使用 JSON 格式进行通信。因此，开发者需要开发编码插件，供物联网平台调用，以完成二进制数据格式和 JSON 格式的转换。

下面将以智慧路灯为例，讲解编解码插件开发的具体流程。

（1）在产品详情页面中选择“编解码插件开发”选项，进入插件开发界面，如图 5-18 所示。插件主要用于解析终端上报的数据流，并依据 Profile 文件转换为 JSON 格式的数据。

01 Profile定义
02 编解码插件开发
03 端侧集成指导
04 在线调测
在线编解码插件编辑器
插件管理
+ 新增消息

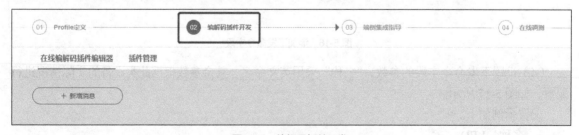

图 5-18　编解码插件开发

（2）在编解码开发界面中单击“新增消息”按钮，输入消息名（以“Light”为例）、消息描述和消息类型（这里以“数据上报”为例），如图 5-19 所示。

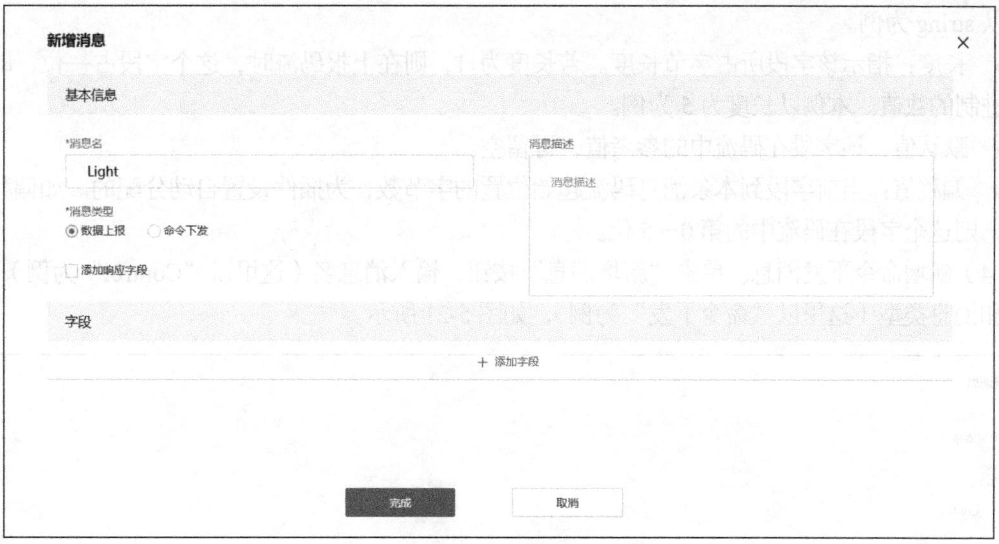

新增消息　　　　　　　　　　　　　　　　　　　　×

基本信息

*消息名　　　　　　　　　　　　　　　　　　消息描述

Light　　　　　　　　　　　　　　　　　　　消息描述

*消息类型
⦿ 数据上报　　○ 命令下发

□ 添加响应字段

字段

＋ 添加字段

完成　　　　取消

图 5-19　新增消息

（3）添加字段。单击"添加字段"按钮，打开"添加字段"对话框，添加数据上报的字段，如图 5-20 所示。各项参数说明如下。

图 5-20　添加数据上报的字段

- 名字：建议和 Profile 文件中的设置保持一致，便于和 Profile 文件中的字段进行对应。本例以"light"为例。
- 数据类型：包括 int8u、int16u、int24u、int32u、string、variablelength string、array、variant。

本例以 string 为例。

- 长度：指示该字段所占字节长度。若长度为 1，则在上报码流时，这个字段占一位，即一个十六进制的数值。本例以长度为 5 为例。
- 默认值：该字段在码流中的参考值，可留空。
- 偏移值：当前字段到本条消息码流起始位置的字节数，为插件设置自动分配的。如偏移值为 0～5，则这个字段在码流中的第 0～5 位。

（4）新增命令下发消息。单击"新增消息"按钮，输入消息名（这里以"Control"为例）、消息描述和消息类型（这里以"命令下发"为例），如图 5-21 所示。

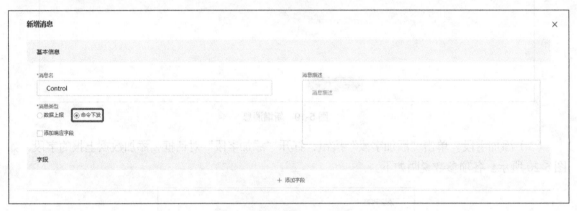

图 5-21 新增命令下发消息

（5）添加字段。单击"添加字段"按钮，打开"添加字段"对话框，添加命令下发的字段，如图 5-22 所示。

图 5-22 添加命令下发的字段

配置示例如下。

- 名字：LED。
- 数据类型：string（字符串类型）。
- 长度：3。
- 默认值：留空。
- 偏移值：自动分配。

（6）建立 Profile 与消息的映射关系。根据自定义的 Profile 来设计插件中的消息。通过拖曳服务中的属性或命令，与消息中的字段进行关联，如图 5-23 所示。

图 5-23　Profile 与插件的映射

（7）将 Profile 与插件对应映射后单击"部署"按钮，等待插件部署成功即可完成插件的开发，如图 5-24 所示。

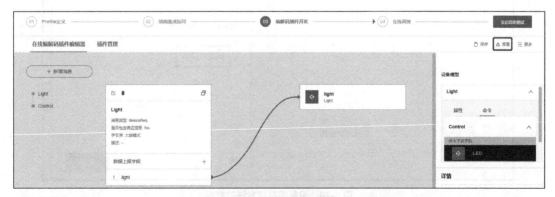

图 5-24　部署插件

5.2.6　在线调测

在线调测可以在没有真实设备的情况下，通过在平台上创建一个虚拟设备来验证制作的 Profile

和插件是否达到设计要求。下面将在智慧路灯产品下创建一个虚拟设备，来验证前面制作的智慧路灯产品的功能。

（1）在产品详情页面中选择"在线调测"→"新增测试设备"选项，打开"新增测试设备"对话框，选中"没有真实的物理设备"单选按钮，并单击"创建"按钮，如图 5-25 所示。

图 5-25　新增测试设备

（2）在设备模拟器中输入"3132333435"，对照 ASCII 码，"3132333435"是字符串"12345"的十六进制编码。单击"发送"按钮，发送成功后就能在应用模拟器中看到数据，如图 5-26 所示。

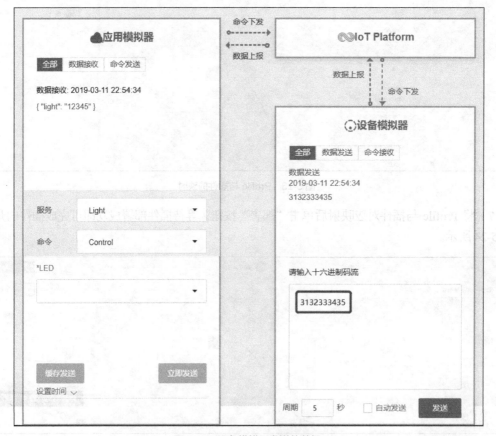

图 5-26　设备模拟器发送的数据

（3）在应用模拟器中选择下发的命令，单击"立即发送"按钮，发送成功后就可以在设备模拟器中看到下发的命令，如图 5-27 所示。对照 ASCII 码，"4F4E"就是字符串"ON"的十六进制编码。

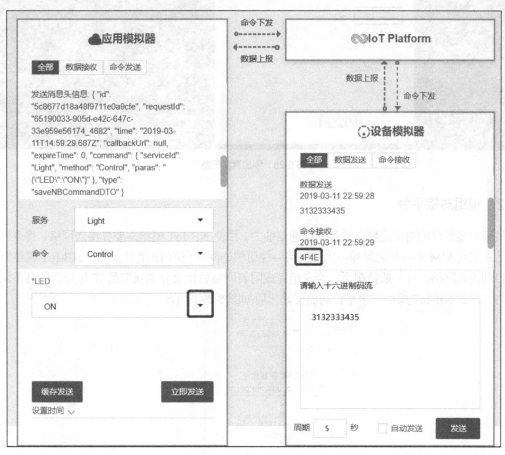

图 5-27　应用模拟器下发的命令

（4）在线调测通过，说明前面制作的 Profile 文件和编解码插件是符合场景要求的，可以进行下一步操作，使用真实设备去对接平台了。

5.3　平台初级开发之 NB-IoT 模组对接

在 5.2 节中，已经在物联网平台上完成了简易的 NB-IoT 智慧路灯产品的开发，本节将通过计算机串口调试工具 QCOM，手动发送 AT 指令给 NB-IoT 模组，并查看其返回的信息。通过一步一步动手实践，完成与 OceanConnect 平台的连接，并验证数据交互功能。

5.3.1　添加真实设备

在产品详情页面中选择"在线调测"→"新增测试设备"选项，再选中"有真实的物理设备"单选按钮，填写设备名称和设备标识，使用"不加密"的设备注册方式，如图 5-28 所示。设备标识为 NB-IoT 模组的 IMEI，EVB_M1 主板模组的 IMEI 可以通过发送"AT+CGSN=1"指令获取，或者通过查看 NB-IoT 模组获取。单击"创建"按钮，完成添加真实设备的操作。

图 5-28　添加真实设备

5.3.2　模组对接平台

模组对接平台的前提是模组具备网络通信能力，因此 NB-IoT 模组需要先接入网络。接入网络流程如下：识别 SIM 卡→开启射频→附着网络→注册核心网→获取 IP 地址。由于 NB-IoT 模组默认设置为自动接入网络，在一般情况下，当模组完成附着网络后就会立刻获取到 IP 地址，即具备网络通信能力，因此 NB-IoT 模组对接平台的流程简化后如图 5-29 所示。

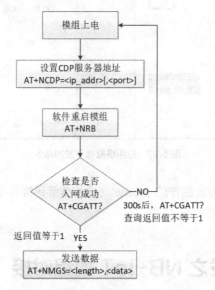

图 5-29　NB-IoT 模组对接平台的流程

1. 配置对接平台地址

（1）指令：AT+NCDP=<ip_addr>[,<port>]。

（2）<ip_addr>：平台设备接入地址。

（3）<port>：接入方式的端口号。

配置对接平台地址指令及返回结果如表 5-1 所示。

表 5-1　　　　　　　　　　　　配置对接平台地址指令及返回结果

执行指令	模组返回
AT+NCDP=49.4.85.232,5683	
	OK

对接信息可在 OceanConnect 平台上查看，选择该项目的"应用"→"对接信息"选项，在设备接入信息中可看到 NB-IoT 设备的接入 IP 地址和端口号。通常，5683 端口为 CoAP 的非加密端口，5684 端口为 CoAP 的加密端口，本例采用非加密方式接入平台，如图 5-30 所示。

图 5-30　设备接入信息

2. 设置平台接入加密方式

（1）指令：AT+QSECSWT=<type>。

（2）<type>：加密方式类型，0 表示不加密，1 表示使用标准 DTLS 加密方式。

设置非加密方式接入指令及返回结果如表 5-2 所示。

表 5-2　　　　　　　　　设置非加密方式接入指令及返回结果

执行指令	模组返回
AT+QSECSWT=0	OK

3. 检查模组是否开启自动注册平台

模组向平台注册有手动注册和自动注册两种方式。默认情况下，设置模组对接的 NCDP 地址后重启模组，模组上电后便会自动注册平台。可以通过指令查询是否开启自动注册平台功能。

（1）指令：AT+QREGSWT?。

（2）模组返回格式：+QREGSWT:<type>。

（3）<type>：注册模式，0 表示手动注册，1 表示自动注册。

检查是否开启自动注册平台指令及返回结果如表 5-3 所示。

表 5-3　　　　　　　　　检查是否开启自动注册平台指令及返回结果

执行指令	模组返回
AT+QREGSWT?	+QREGSWT:1
	OK

注：若返回 0，则未开启自动注册功能，可发送"AT+QREGSWT=1"指令开启自动注册功能。

4. 软件重启模组

软件重启模组指令及返回结果如表 5-4 所示。

表 5-4   软件重启模组指令及返回结果

执行指令	模组返回
AT+NRB	REBOOTING
	OK

5. 检查是否成功附着网络

（1）指令：AT+CGATT?。

（2）模组返回格式：+CGATT:<state>。

（3）<state>：网络附着状态，0 表示未附着网络，1 表示已附着网络。

检查模组是否成功附着网络指令及返回结果如表 5-5 所示。

表 5-5   检查模组是否成功附着网络指令及返回结果

执行指令	模组返回
AT+CGATT?	+CGATT:1
	OK

如果模组成功附着网络且开启了自动注册功能，则会自动上报以下数据。

+QLWEVTIND:0   //成功绑定平台

+QLWEVTIND:3   //当模组报告此消息时，终端可以将数据发送到 OceanConnect 平台

6. 模组向平台发送数据

（1）指令：AT+NMGS=<length>,<data>。

（2）<length>：数据长度。

（3）<data>：数据（十六进制）。

模组向平台发送数据指令及返回结果如表 5-6 所示。

表 5-6   模组向平台发送数据指令及返回结果

执行指令	模组返回
AT+NMGS=5,2020313233	
	OK

5.3.3 实验演示及结果

本小节将演示使用 EVB_MI 对接 OceanConnect 平台的操作流程及对应的实验结果。

（1）上报数据后进入项目空间，选择"设备管理"→"调试产品"选项，进入调试界面，在应用模拟器中可收到模组上报的数据，如图 5-31 所示。

（2）命令下发分为两种方式：立即发送和缓存发送。在 NB-IoT 终端没有关闭 PSM 模式的情况下，如果终端长时间没有上报数据，则自动进入 PSM 状态，无法接收平台下发的命令，需要等 NB-IoT 终端上报一次数据后，才可以单击"立即发送"按钮下发命令，如图 5-32 所示。如果 NB-IoT 终端处于休眠状态或者未在线状态，则可以单击"缓存发送"按钮下发命令。

（3）下发命令成功后，可以在串口调试工具 QCOM 上接收到平台下发的命令，如图 5-33 所示。

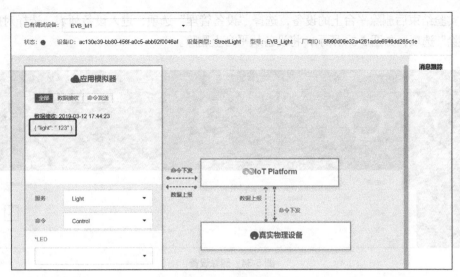

图 5-31　接收数据

图 5-32　下发命令

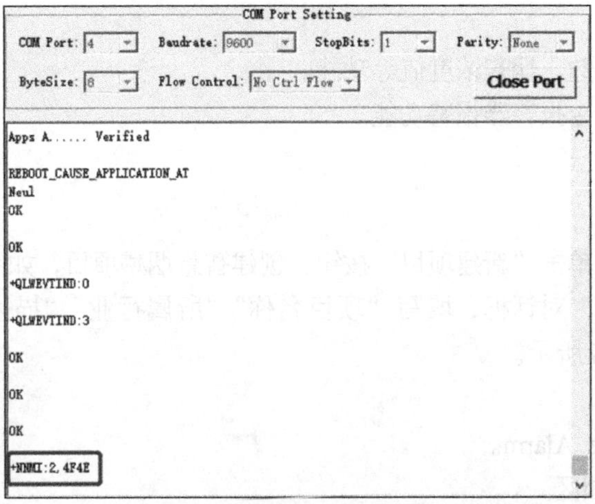

图 5-33　模组接收到的平台下发的命令

（4）实验结束后删除平台上的设备，选择"设备管理"选项，进入设备列表，选择对应设备右侧的"删除"选项，如图 5-34 所示，将设备从平台上删除。

图 5-34　删除设备

5.4　平台进阶开发之平台设计

平台进阶的开发部分，主要介绍 Profile 文件的多服务多属性功能。

注：当有多种上报消息或多种下发消息需要平台处理时，消息中应添加地址域字段，用于区分不同的上报消息或下发消息，消息和编解码插件的地址域字段需保持一致。如下几种场景中，需要添加上报或下发地址域。

（1）有两条及以上的数据上报消息或命令下发消息。

（2）命令响应消息可看作一种特殊的数据上报消息，因此，如果存在命令响应消息，则需要在数据上报消息中添加地址域。

（3）数据响应消息可看作一种特殊的命令下发消息，因此，如果存在数据响应消息，则需要在命令下发消息中添加地址域。

5.4.1　场景说明

本场景需要开发者备有一款简易的 NB-IoT 烟雾报警器设备（如 EVB_M1 主板+烟雾报警器），具有如下能力。

（1）具有上报信号参数、烟雾浓度值等功能。

（2）具有远程控制命令报警器报警功能。

5.4.2　创建项目

（1）登录开发中心，单击"新建项目"按钮，创建智慧烟感项目，如图 5-35 所示。

（2）打开"新建项目"对话框，填写"项目名称""所属行业""描述"等项目信息后，单击"确定"按钮，如图 5-36 所示。

配置示例如下。

- 项目名称：Smoke_Alarm。
- 所属行业：智慧园区。

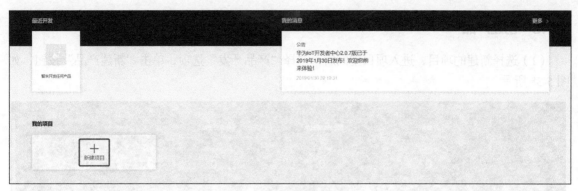

图 5-35　新建项目

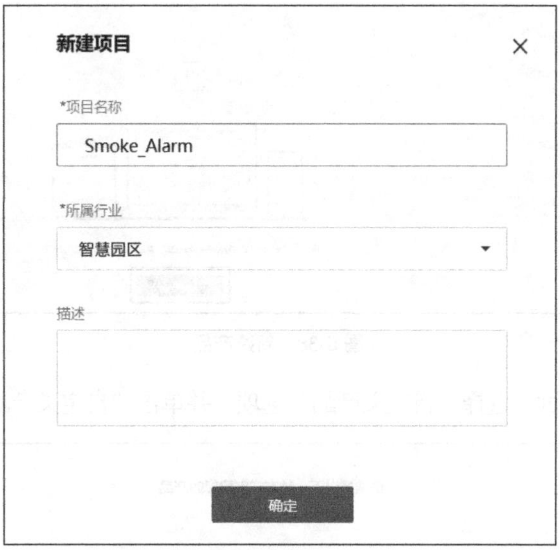

新建项目　　　　　　　　　　　　　　　　×

*项目名称

Smoke_Alarm

*所属行业

智慧园区　　　　　　　　　　　　　　　　▼

描述

确定

图 5-36　"新建项目"对话框

（3）项目创建成功后，系统会返回"应用 ID""应用密钥"两个参数，如图 5-37 所示。在应用对接物联网平台时需要使用这两个参数，请妥善保存。如果遗忘，则可以通过选择"对接信息"→"重置密钥"选项进行重置。

项目创建成功
我们已为您分配应用ID及密钥，这是您记住密钥的唯一机会，请妥善保存。
如若遗忘密钥，可通过"对接信息 > 重置密钥"进行重置。

应用ID
HoL4a6QN93s88WHD_HD9aeT0Rw4a

应用密钥
vCHxkWjDq4raeybT1Visfs7kfPsa

确定

图 5-37　项目创建成功

5.4.3　创建产品

（1）选择新建的项目，进入项目空间后，选择"产品开发"选项，单击"新建产品"按钮，如图 5-38 所示。

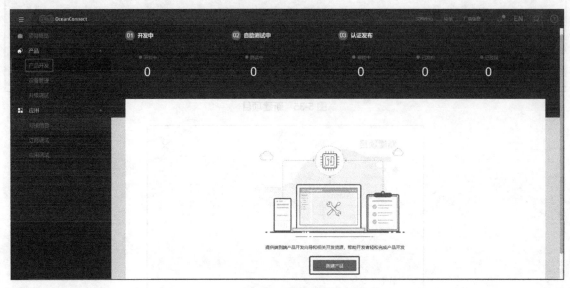

图 5-38　新建产品

（2）进入创建产品界面，选择"自定义产品"选项，并单击"自定义产品"按钮，如图 5-39 所示。

图 5-39　自定义产品

（3）进入设置产品信息界面，填写各项参数后，单击"创建"按钮，如图 5-40 所示。

配置示例如下。

- 产品名称：SmokeAlarm。
- 型号：EVB。
- 厂商 ID：由系统自动生成，无须配置。
- 所属行业：智慧园区。
- 设备类型：Smoke。
- 接入应用层协议类型：LwM2M。
- 数据格式：二进制码流。

图 5-40　设置产品信息

5.4.4　Profile 定义

（1）在产品详情页面中单击"新建服务"按钮，如图 5-41 所示。

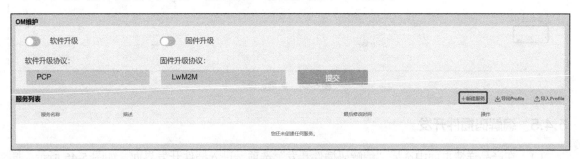

图 5-41　新建服务

（2）新增服务基本信息，服务名称采用驼峰命名方式，这里以"Smoke"为例，如图 5-42 所示。
若有多个服务，则新增多条服务。

图 5-42　新增服务基本信息

（3）新增服务属性，属性是指终端要上报的数据的属性，包括数据类型和数据长度等信息。本例中烟雾报警器将上报烟感值 Value 和信号质量信息 CSQ，相关信息如图 5-43 所示。

图 5-43　新增服务属性的相关信息

（4）新增命令，命令是指向终端下发的消息，描述下发的消息类型及其响应参数。本例中设置 Period 消息来调整模组的数据上报周期，下发命令字段为 "Time"。设置 Set_Beep 消息来控制蜂鸣器的开关，下发命令字段为 "Beep"，枚举值为 ON,OFF；响应命令字段为 "Beep_State"，用于命令执行完毕后返回蜂鸣器的当前状态，如图 5-44 所示。

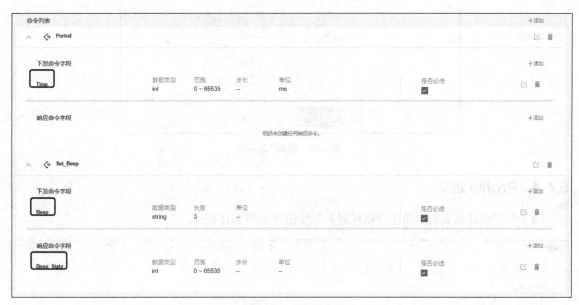

图 5-44　新增命令

5.4.5　编解码插件开发

（1）在产品详情页面中选择 "编解码插件开发" 选项，进入插件开发界面，如图 5-45 所示。插件主要用于解析终端上报的数据流，并依据 Profile 文件转换为 JSON 格式的数据。

（2）新增上报类型消息。在插件开发界面中单击 "新增消息" 按钮，分别添加数据上报、命令下发和命令下发响应消息。

图 5-45　编解码插件开发

先新增数据上报消息，这里以消息名"Smoke"为例，消息类型为数据上报，单击"添加字段"按钮，打开"编辑字段"对话框。添加名字为"messageId"的字段，messageId 无对应的 Profile 属性，主要用于区分不同类型的数据上报消息。在添加字段时勾选最上方的"标记为地址域"复选框后会自动分配一个字段，默认值为 0x00，也可以自行更改，如图 5-46 所示。以当前的默认值为例，在上报数据时，数据的第一个字段就要设置为 0x0。

编辑字段　　　　　　　　　　　　　　　×

☑ 标记为地址域　⑦

* 名字　当标记为地址域时，名字固定为 messageId；否则，名字不能设置为
messageId。

> messageId

描述

> 描述

数据类型 (大端模式)

> int8u(8位无符号整型)　　　　　　　　▼

长度　⑦

> 1

默认值　⑦

> 0x0

偏移值　⑦

> 0-1

完成　　　取消

图 5-46　"编辑字段"对话框

再添加表 5-7 所示的其余字段（方法参考 5.2.5 小节），要注意数据类型和数据长度。

表 5-7   添加的其余字段

名字	数据类型	长度
Value	string	5
CSQ	string	2

（3）新增下发类型消息。

① 添加上报周期命令下发消息"Period"。下发命令的字段需要添加地址域 messageId 和响应标识字段 mid，mid 的添加方式和 messageId 类似，只需勾选"标记为响应标识字段"复选框即可。命令下发的内容字段是无符号整型的 Time，用于设置终端的数据上报周期，如图 5-47 所示。

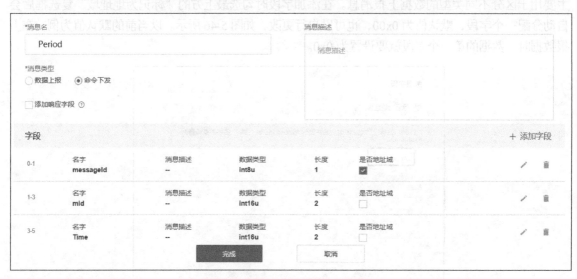

图 5-47　添加上报周期命令下发消息

② 添加蜂鸣器报警命令下发消息"Set_Beep"。该消息需要勾选"添加响应字段"复选框。下发命令的字段需要添加地址域 messageId 和响应标识字段 mid，mid 的添加方式和 messageId 类似，只需勾选"标记为响应标识字段"复选框即可。命令下发的内容字段是字符串类型的"Beep"，用于开关蜂鸣器，如图 5-48 所示。

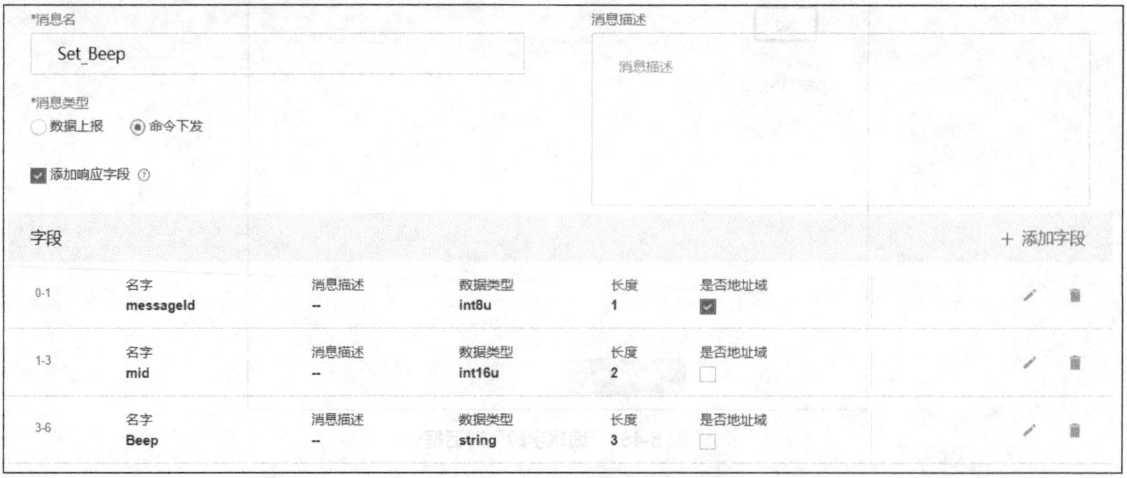

图 5-48　添加蜂鸣器报警命令下发消息

③ 添加命令下发响应消息。响应字段需要添加地址域 messageId、响应标识字段 mid、命令执行状态 errcode。其中，errcode 只需在添加字段时勾选"标记为命令执行状态字段"复选框即可，用于报告命令的执行状态。最后添加响应内容字段"Beep_State"，如图 5-49 所示。

响应字段							+ 添加响应字段
0-1	名字 messageId	消息描述 --	数据类型 int8u	长度 1	是否地址域 ☑	✎	🗑
1-3	名字 mid	消息描述 --	数据类型 int16u	长度 2	是否地址域 ☐	✎	🗑
3-4	名字 errcode	消息描述 --	数据类型 int8u	长度 1	是否地址域 ☐	✎	🗑
4-7	名字 Beep_State	消息描述 --	数据类型 string	长度 3	是否地址域 ☐	✎	🗑

图 5-49　添加命令下发响应消息

（4）完成 Profile 与插件的映射关系。单击"部署"按钮，如提示"插件部署成功"则表示完成插件的开发，如图 5-50 所示。

图 5-50　部署插件

5.4.6　产品功能验证

（1）添加一个虚拟设备来验证产品功能（可参考 5.2.6 小节）。在设备模拟器中输入"0031323334353331"，数据"00"表示 messageId，"3132333435"表示烟感值 12345，"3331"表示信号质量值 31。单击"发送"按钮，发送成功后即可在应用模拟器中看到经编解码插件解析后的数据，如图 5-51 所示。如与虚拟数据一致，则说明 SmokeAlarm 产品设置正确。

（2）在应用模拟器的命令下发窗口中输入需要配置的数据上报周期，此处以"100"为例，单击"发送"按钮。在设备模拟器中可以收到模拟器下发的命令"0100010064"，如图 5-52 所示。数据"01"是命令下发的 messageId，"0001"是响应标识字段 mid（标记平台下发的命令数），"0064"是十进制"100"对应的十六进制编码。

（3）在应用模拟器的命令下发窗口中选择"Set_Beep"命令，设置"Beep"的参数为"ON"，单击"发送"按钮。此时，在设备模拟器中可以收到模拟器下发的命令"0200024F4E"，如图 5-53 所示。数据"02"是 Set_Beep 命令下发的 messageId，"0002"是 mid，"4F4E"是十六进制的字符串"ON"。

图 5-51　发送烟雾报警器数据

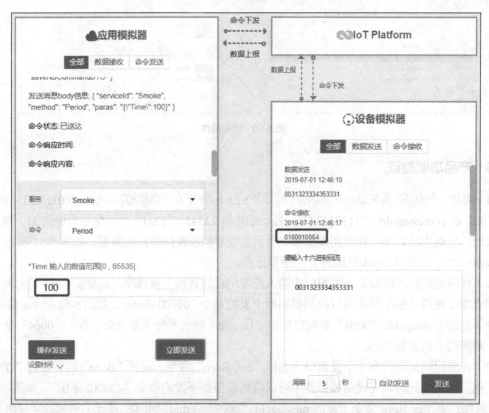

图 5-52　配置数据上报周期

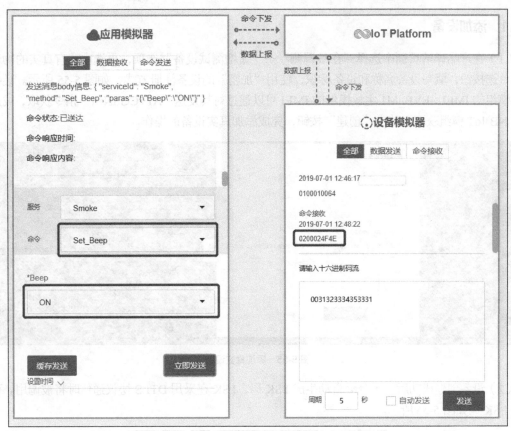

图 5-53　下发蜂鸣器控制命令

（4）此产品的"Set_Beep"下发命令设置了响应字段，设备模拟器在收到命令后要回复响应。此处需发送的响应码流为"030002004F4E"。数据"03"是响应字段的 messageId，"0002"与下发命令 mid 对应，"00"表示命令执行成功（"01"则表示命令执行失败），"4F4E"表示回复当前蜂鸣器的状态是 ON。将上述码流用设备模拟器进行发送后选择"设备管理"→"EVBNBSimulator"选项，选择"历史命令"选项卡，能看到命令状态为"执行成功"，如图 5-54 所示。

图 5-54　"历史命令"选项卡

5.5　平台进阶开发之 NB-IoT 模组对接

本节的 NB-IoT 模组对接平台的流程可参考 5.3 节。首先，需要将 NB-IoT 设备添加到 OceanConnect 平台上；其次，设置 NB-IoT 模组的 NCDP 地址，等终端模组与平台对接后即可发送数据。本节中的 NB-IoT 模组与平台的数据传输在加密方式上与 5.3 节有所区别。本节将学习如何采用 DTLS 加密的方式实现 NB-IoT 模组与平台的对接，加密传输可提高数据传输过程中的安全性。

5.5.1 添加设备

（1）在产品详情页面中选择"在线调测"→"新增测试设备"选项，再选中"有真实的物理设备"单选按钮，填写设备名称和设备标识，使用"加密"的设备注册方式，如图 5-55 所示。设备标识为模组的 IMEI，EVB_M1 主板模组的 IMEI 可以通过对其发送"AT+CGSN=1"指令获取，或通过查看 NB-IoT 模组获取。单击"创建"按钮，完成添加真实设备的操作。

图 5-55　添加真实设备

（2）设备创建成功后，平台会自动生成 PSK 码，PSK 在采用 DTLS 协议通信时将被调用。获取到的 PSK 码如图 5-56 所示。

图 5-56　获取到的 PSK 码

5.5.2 模组对接平台

本小节将使用真实的 NB-IoT 模组与平台对接，采用 DTLS 加密方式，具体操作流程如下。

1. 配置对接平台地址

配置对接平台地址指令及返回结果如表 5-8 所示。

表 5-8　　　　　　　　　　　　配置对接平台地址指令及返回结果

执行指令	模组返回
AT+NCDP=49.4.85.232,5684	OK

需要注意的是，本小节通过 DTLS 加密的方式来对接平台，端口号需设置为 5684（平台对接信

息可在 OceanConnect 平台上查看，选择该项目的"应用"→"对接信息"选项，在设备接入信息中可看到 NB-IoT 设备的接入 IP 地址和端口号，如图 5-57 所示。）

图 5-57　设备接入信息

2. 设置模组以加密方式接入

平台连接端口需为加密端口接入，同样，模组的数据传输也需要设置为加密方式。设置加密方式接入指令及返回结果如表 5-9 所示。

表 5–9　　　　　　　　　　　　　　设置加密方式接入指令及返回结果

执行指令	模组返回
AT+QSECSWT=1	OK

3. 设置 PSK ID 和 PSK

PSK ID 和 PSK 为加密传输的关键数据，其中，PSK ID 为模组的 IMEI，PSK 为平台生成的加密码。PSK 获取方式请参考 5.5.1 小节。设置 PSK ID 和 PSK 的指令及返回结果如表 5-10 所示。

表 5–10　　　　　　　　　　　　　　设置 PSK ID 和 PSK 指令及返回结果

执行指令	模组返回
AT+QSETPSK=867725038888888, 075847780bb04bc5b88728ac169e3669	OK

4. 检查模组是否开启自动注册平台功能

模组向平台注册有手动注册和自动注册两种方式。默认情况下，设置模组对接的 NCDP 地址后重启模组，模组上电后便会自动注册平台。可以通过指令查询是否开启自动注册平台功能。

（1）指令：AT+QREGSWT?。

（2）模组返回格式：+QREGSWT:<type>。

（3）<type>：注册模式，0 表示手动注册，1 表示自动注册。

检查是否开启自动注册平台指令及返回结果如表 5-11 所示。

表 5–11　　　　　　　　　　　　　检查是否开启自动注册平台指令及返回结果

执行指令	模组返回
AT+QREGSWT?	+QREGSWT:1 OK

注：若返回 0，则未开启自动注册功能，可通过发送"AT+QREGSWT=1"指令开启自动注册功能。

5. 软件重启模组

软件重启模组指令及返回结果如表 5-12 所示。

表 5-12   软件重启模组指令及返回结果

执行指令	模组返回
AT+NRB	REBOOT_CAUSE_APPLICATION_AT
	OK

重启模组后，等待模组自动附着网络及自动注册平台，成功后会自动上报以下数据。

+QDTLSSTAT:0	//DTLS 握手完成
+QLWEVTIND:0	//成功绑定平台
+QLWEVTIND:3	//当模组报告此消息时，终端即可将数据发送到物联网平台

6. 发送数据至平台

当模组开机并注册到平台之后，即可向平台发送数据。发送数据至平台指令及返回结果如表 5-13 所示。

表 5-13   发送数据至平台指令及返回结果

执行指令	模组返回
AT+NMGS=8,00313233334353331	OK

5.5.3 实验演示及结果

（1）进入设备的调试界面，即可看到模组发送的数据，如图 5-58 所示。

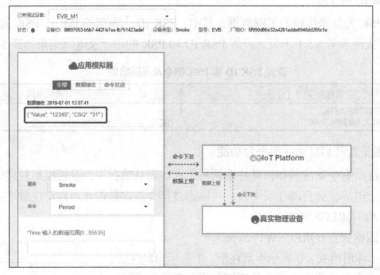

图 5-58 模组发送的数据

（2）在应用模拟器的命令下发窗口中输入需下发的命令，即可将其发送至 NB-IoT 终端。需要注意的是，模组需先上报一条数据，再单击"发送"按钮，才能接收到平台发送的命令，如图 5-59 所示。

（3）模组在接收到平台下发的 Set_Beep 命令后，需回复执行状态。向平台发送 messageId 为 03 的响应数据，平台即可得知此数据为响应数据。发送响应数据的指令如表 5-14 所示。

注：此处数据中的"0002"与平台下发的 mid 相对应。

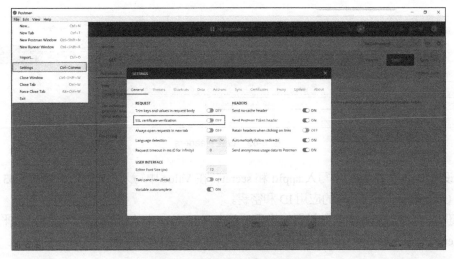

```
[2019-07-01_13:07:07:194]Appx A...... Verified
[2019-07-01_13:07:09:793]
[2019-07-01_13:07:09:793]REBOOT_CAUSE_APPLICATION_AT
[2019-07-01_13:07:09:793]Neul
[2019-07-01_13:07:16:604]
[2019-07-01_13:07:16:604]OK
[2019-07-01_13:07:16:604]+QLWEVTIND:0
[2019-07-01_13:07:16:733]
[2019-07-01_13:07:16:733]+QLWEVTIND:3
[2019-07-01_13:07:39:350]
[2019-07-01_13:07:39:350]OK
[2019-07-01_13:09:56:342]
[2019-07-01_13:09:56:342]OK
[2019-07-01_13:10:03:051]
[2019-07-01_13:10:03:051]+NNMI:5,0100020064
[2019-07-01_13:10:54:802]
[2019-07-01_13:10:54:802]OK
[2019-07-01_13:10:57:259]
[2019-07-01_13:10:57:259]+NNMI:5,0200034F4E
[2019-07-01_13:11:05:564]
```

图 5-59　模组接收到平台发送的命令

表 5-14　　　　　　　　　　　　　发送响应数据的指令

执行指令	模组返回
AT+NMGS=7,03000200204E4F	OK

5.6　Postman 调测北向 API

OceanConnect 平台上的设备信息及数据可以通过 API 开放给用户，便于用户通过自己的应用服务器更好地进行设备管理和数据处理。本节将使用 Postman 工具来代替应用服务器，实现数据的查看及命令的下发，使用到的 API 比较复杂，可参考 OceanConnect 平台的 API 文档了解更多内容，便于进行以下实验。

5.6.1　添加证书

（1）打开"EVB_M1_资料\01 Software\工具\Postman"目录中的 Postman 软件，选择"File"→"Settings"选项，进入设置界面，设置"SSL certificate verification"为"OFF"，关闭 SSL 证书认证功能，如图 5-60 所示。

图 5-60　关闭 SSL 证书认证功能

（2）选择"Certificates"选项卡，添加 OceanConnect 平台的北向对接 IP 地址和端口号。北向对接信息可在平台上查看，选择该项目的"应用"→"对接信息"选项，在应用接入信息中可看到 HTTPS 接入方式的 IP 地址和端口号。导入"EVB_M1_资料\01 Software\工具\Postman"目录下的"client.crt"文件和"client.key"文件，单击"Add"按钮添加证书，如图 5-61 所示。

图 5-61　添加证书

5.6.2　调用鉴权接口获取 accessToken

accessToken 是除了鉴权接口之外的任何 API 都需要携带的一个参数。该参数是通过调用鉴权接口获得的。鉴权接口的调用方法如下。

（1）选择 POST 方法，写入鉴权接口，设置 Headers 头，如图 5-62 所示。接口路径格式为 https://server:port/iocm/app/sec/v1.1.0/login（server 及 port 根据获取到的接口信息填写）；设置 Headers 为 Content-Type：application/x-www-form-urlencoded。

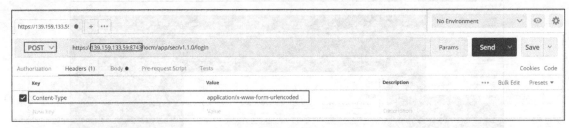

图 5-62　设置 Headers

（2）设置 Body。在 Key 中写入 appId 和 secret，在 Value 中写入相应的值，如图 5-63 所示，这里的值是 OceanConnect 平台上的应用 ID 和密钥。

（3）获取 accessToken。参数设置完毕后，单击 Postman 中的"Send"按钮即可从平台获取到 accessToken，如图 5-64 所示。保存 accessToken，以备其他 API 调用。

图 5-63 设置 Body

图 5-64 获取 accessToken

5.6.3 按条件批量查询设备信息列表

鉴权之后，通过 appId 即可获取该应用下的设备列表。

（1）选择 GET 方法，写入查询设备信息接口，如图 5-65 所示。接口路径格式为 https://server: port/iocm/app/dm/v1.3.0/devices? appId={appId}&pageNo={pageNo}（server 及 port 同 5.6.2 小节），本例只查询设备列表中第一页的数据，pageNo 参数设置为 0。

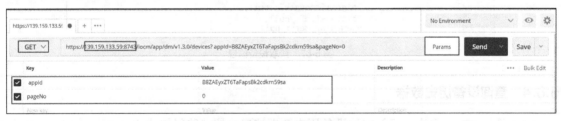

图 5-65 写入查询设备信息接口

（2）设置 Headers，如图 5-66 所示。

- app_key：平台的应用 ID。
- Authorization：获取的 accessToken。
- Content-Type：application/json。

图 5-66 设置 Headers

（3）单击 Postman 中的"Send"按钮获取设备信息，如图 5-67 所示。保存 deviceId 和 gatewayId，以备后续的设备数据查询、命令下发、设备删除等 API 调用。

```json
{
    "totalCount": 1,
    "pageNo": 0,
    "pageSize": 1,
    "devices": [
        {
            "deviceId": "faa81ba2-75b3-4ee3-9e6e-c458acbfaeeb",
            "gatewayId": "faa81ba2-75b3-4ee3-9e6e-c458acbfaeeb",
            "nodeType": "GATEWAY",
            "createTime": "20181223T150326Z",
            "lastModifiedTime": "20181223T150351Z",
            "deviceInfo": {
                "nodeId": "██████████████",
                "name": "0001",
                "description": null,
                "manufacturerId": "IoTCIuB",
                "manufacturerName": "IoTCIuB",
                "mac": null,
                "location": "Shenzhen",
                "deviceType": "WaterMeter",
                "model": "Light",
                "swVersion": null,
                "fwVersion": null,
                "hwVersion": null,
                "protocolType": "CoAP",
                "bridgeId": null,
                "status": "ONLINE",
                "statusDetail": "NONE",
                "mute": "FALSE",
                "supportedSecurity": null,
                "isSecurity": null,
                "signalStrength": null,
                "sigVersion": null,
                "serialNumber": null,
```

图 5-67　获取设备信息

5.6.4　查询设备历史数据

（1）选择 GET 方法，写入查询设备历史数据接口。接口路径格式为 https://server:port/iocm/app/data/v1.1.0/deviceDataHistory?deviceId={deviceId}& gatewayId={gatewayId}（server 及 port 同 5.6.2 小节）。

deviceId 和 gatewayId 均为必填，因为 NB-IoT 设备属于直连设备，所以填入 5.6.3 小节获取的 deviceId 和 gatewayId 即可，如图 5-68 所示。

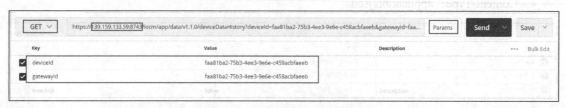

图 5-68　写入查询设备历史数据接口

（2）设置 Headers，如图 5-69 所示。

- app_key：平台的应用 ID。
- Authorization：获取的 accessToken。
- Content-Type：application/json。

Authorization
Headers (3)
Body
Pre-request Script
Tests
Cookies Code
Key
Value
Description
Bulk Edit
Presets
app_key
B8ZAEyxZT6TaFapsBk2cdkrn59sa
Authorization
62568458306dd72f1a143bfc234cfcd
Content-Type
application/json
New key
Value
Description

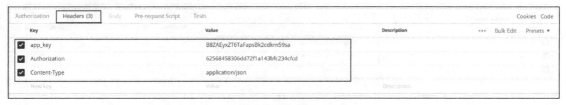

图 5-69　设置 Headers

（3）单击 Postman 中的“Send”按钮就可以获取到设备历史数据，如图 5-70 所示。

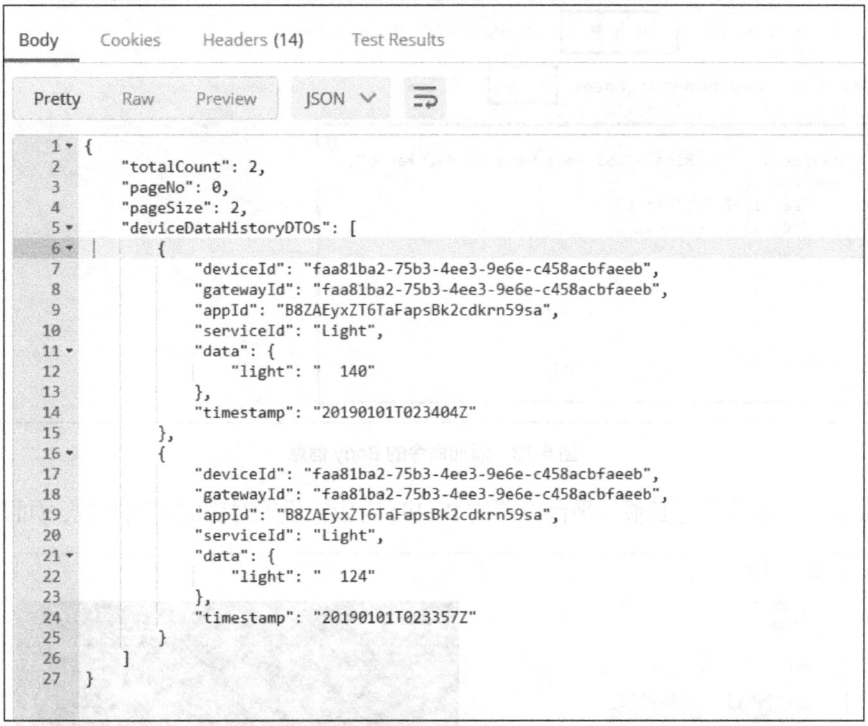

Body
Cookies
Headers (14)
Test Results
Pretty
Raw
Preview
JSON
{
"totalCount": 2,
"pageNo": 0,
"pageSize": 2,
"deviceDataHistoryDTOs": [
{
"deviceId": "faa81ba2-75b3-4ee3-9e6e-c458acbfaeeb",
"gatewayId": "faa81ba2-75b3-4ee3-9e6e-c458acbfaeeb",
"appId": "B8ZAEyxZT6TaFapsBk2cdkrn59sa",
"serviceId": "Light",
"data": {
"light": " 140"
},
"timestamp": "20190101T023404Z"
},
{
"deviceId": "faa81ba2-75b3-4ee3-9e6e-c458acbfaeeb",
"gatewayId": "faa81ba2-75b3-4ee3-9e6e-c458acbfaeeb",
"appId": "B8ZAEyxZT6TaFapsBk2cdkrn59sa",
"serviceId": "Light",
"data": {
"light": " 124"
},
"timestamp": "20190101T023357Z"
}
]
}

图 5-70　获取到设备历史数据

5.6.5　创建设备命令

（1）选择 POST 方法，写入创建设备命令接口，如图 5-71 所示。接口路径格式为 https://server:port/iocm/app/cmd/v1.4.0/deviceCommands?appId={appId}（server 及 port 同 5.6.2 小节）。

POST
https://139.159.133.59:8743/iocm/app/cmd/v1.4.0/deviceCommands?appId=B8ZAEyxZT6TaFapsBk2cdkrn59sa
Params
Send
Save
Key
Value
Description
Bulk Edit
appId
B8ZAEyxZT6TaFapsBk2cdkrn59sa
New key
Value
Description

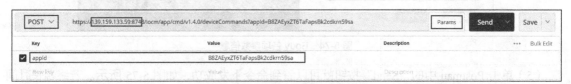

图 5-71　写入创建设备命令接口

（2）设置 Headers，如图 5-72 所示。

- app_key：平台的应用 ID。
- Authorization：获取的 accessToken。
- Content-Type：application/json。

图 5-72　设置 Headers

（3）添加命令的 Body 信息，如图 5-73 所示。

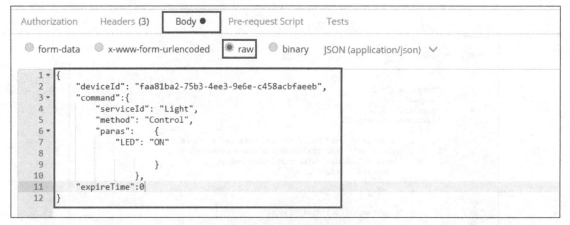

图 5-73　添加命令的 Body 信息

（4）Body 各项参数信息必须与平台设置的 Profile 对应，设置对应的各项参数，如图 5-74 所示。

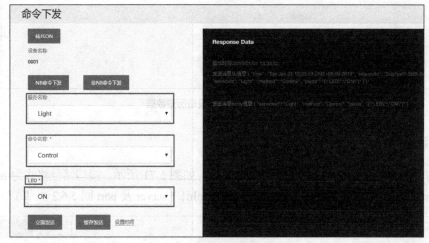

图 5-74　Body 各项参数信息

（5）单击 Postman 中的 "Send" 按钮就可以看到命令下发成功，如图 5-75 所示。若终端长时间没有收到下发的命令，则原因可能是终端进入了 PSM 模式。此时需要使终端上报一条数据退出 PSM

模式，平台收到数据后即可执行下发命令。

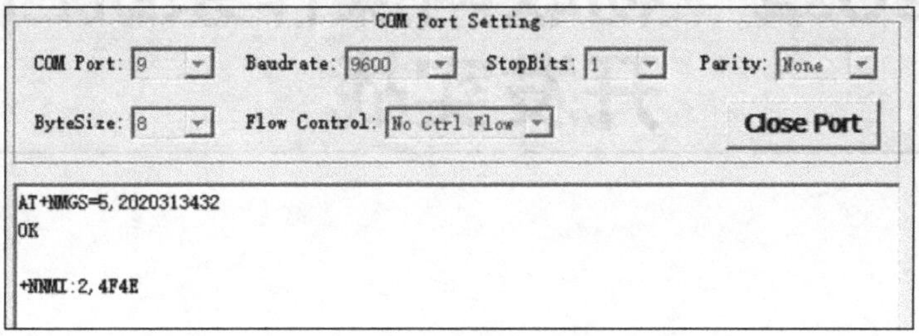

图 5-75 命令下发成功

5.7 本章小结

本章主要基于华为 OreanConnect 平台介绍物联网平台的开发，物联网平台是整个物联网系统框架中比较重要的组成部分，所有的 **NB-IoT** 终端数据最终都要发送至物联网平台进行统一管理。

2015年，在华为网络大会上，华为正式推出了"1+2+1"物联网解决方案，即"1个物联网平台，2种接入方式，1个轻量级物联网操作系统"，其中的轻量级物联网操作系统即Huawei LiteOS，其框架如图6-1所示。

图 6-1　LiteOS 物联网解决方案框架

自发布以来，Huawei LiteOS 以轻量级、低功耗、快速启动为核心，增加了对多个框架的支持。

（1）通过支持多传感协同，使得终端数据采集更智能，数据处理更精准。

（2）通过支持长短距连接，实现全连接覆盖，同时可伸缩连接能力有显著提升。

（3）通过支持基于 JavaScript 的应用开发框架，统一应用开发平台，使得产品开发更"敏捷"。

Huawei LiteOS 为开发者提供了设备智能化使能平台，能有效降低开发门槛、缩短开发周期。Huawei LiteOS 关键技术及总体架构如图6-2所示。

Huawei LiteOS 关键技术及特性如下。

（1）CPU 支持：Huawei LiteOS 支持主流的 ARM Cortex M0/3/4/7，也支持单核的 ARM Cortex A7/A17/A53，还能支持最新的 RISC-V 架构。

（2）轻量级内核：Huawei LiteOS 提供小体积低功耗的 RTOS 内核，最低可裁剪至 6KB RAM、10KB ROM，提供常用的任务管理、内存管理、中断管理等操作系统基础组件。

图 6-2　Huawei LiteOS 关键技术及总体架构

（3）内核接口：LiteOS 内核上层支持标准的 POSIX 子集、CMSIS-OS 标准 API，方便用户业务平滑移植。

（4）互连框架：LiteOS 内核上层提供丰富的物联网协议栈和 SDK 开发包，支持常见的物联网协议栈，如 MQTT、CoAP、LwM2M、HTTP、LwIP、Wi-Fi、NB-IoT 等。物联网协议上层提供统一易用的 API 函数，能支持用户业务快速上云。

（5）传感框架：Huawei LiteOS 提供统一的传感器管理框架，可实现传感器管理、算法库支持，该项功能已经在华为手机、智能手环等移动设备中得到广泛应用。

（6）安全框架：Huawei LiteOS 提供端到端的安全保障。终端侧提供密钥安全存储机制，与云端交互提供预共享密钥和 CA 证书两种主流的双向设备认证机制，还针对物联网设备开发了低功耗的 DTLS 方案，能在保障业务数据安全的基础上，最大程度地降低功耗。

本章将从 STM32 裸机工程生成开始，介绍如何移植 LiteOS 操作系统；再通过 LiteOS 点亮和关闭 LED 灯的实践，介绍 LiteOS 基本功能的使用。

6.1　实验准备

1. 软件准备

（1）串口助手：QCOM V1.6。

（2）IDE：MDK524a。

2. 硬件准备

安装好天线和 NB-IoT 专用的 SIM 卡，将多功能跳线帽切换到单片机调试模式，如图 6-3 所示，通过 Micro USB 线将 EVB_M1 主板连接到计算机的 USB 接口，并将程序烧录器 ST-Link 与 EVB_MI 主板正确连接后与计算机的 USB 接口连接起来，打开电源开关给 EVB_M1 主板供电。

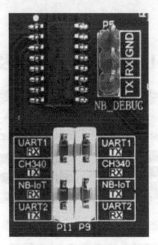

图 6-3　跳线帽连接

6.2　LiteOS 源码准备

Huawei LiteOS 的开源代码托管在 GitHub 的 LiteOS 工程下，仓库地址为 https://github.com/LiteOS/LiteOS，进入页面后先将分支（Brach）切换成 develop，再单击"Clone or download"按钮下载 LiteOS 源码，如图 6-4 所示。

图 6-4　下载 LiteOS 源码

6.3　用 LiteOS 点亮 LED 灯

使用 LiteOS 点亮 LED 灯主要包括创建 STM32 裸机工程、移植 LiteOS 内核源码、创建 LiteOS 任务这三个步骤。下面将详细讲解使用 EVB_M1 主板应用 LiteOS 点亮 LED 灯的具体操作。

6.3.1 创建 STM32 裸机工程

（1）启动 STM32CubeMX 后选择"New Project"选项新建工程，如图 6-5 所示。

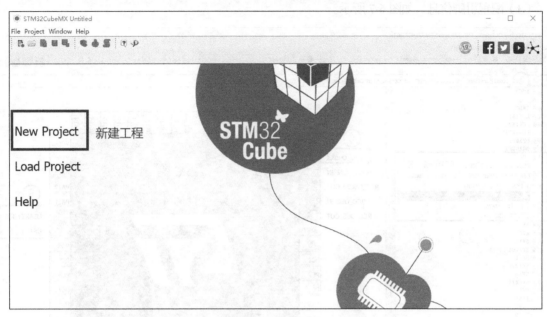

图 6-5 新建工程

（2）选择微控制器型号为 STM32L431RCTx（LQFP64 封装），如图 6-6 所示。

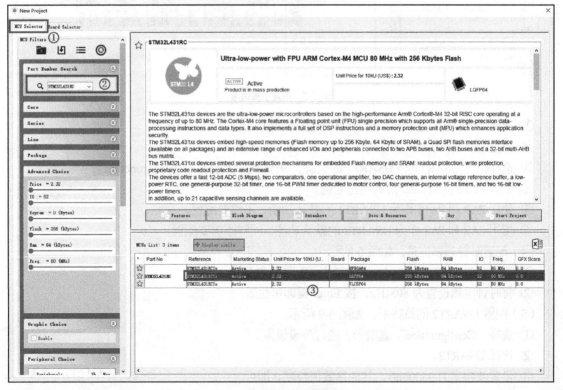

图 6-6 选择微控制器型号

① 可以选择通过 MCU 或 Board 创建工程，本例选择通过 MCU 来创建工程。

② 设置筛选条件，本例输入 STM32L431RC。

③ 选择 EVB_M1 主板对应的芯片，双击即可创建工程。

（3）配置引脚信息，如图 6-7 所示。

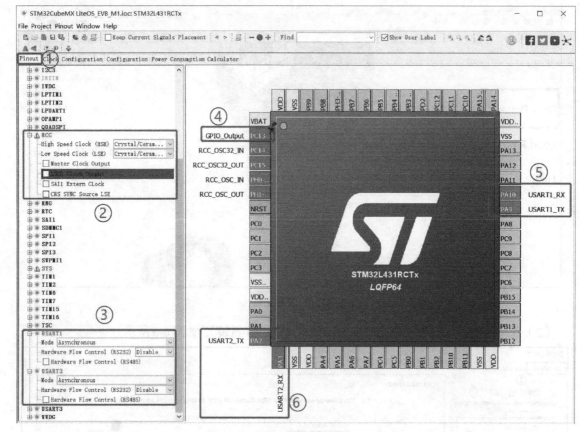

图 6-7 配置引脚信息

① 选择 "Pinout" 选项卡，设置引脚参数功能。

② 设置 RCC 时钟。

③ 选择配置 USART1 和 USART2 的引脚，并选择异步方式（Asynchronous）。

④ 设置 PC13 控制 LED 灯的输出功能。

⑤ 使用 PA9 和 PA10 作为 USART1 的默认功能，不需要配置。

⑥ 使用 PA2 和 PA3 作为 USART2 的默认功能，同样不需要配置。

（4）配置时钟频率信息，如图 6-8 所示。

① 选择 "Clock Configuration" 选项卡，配置时钟频率。

② 将时钟主频设置为 80MHz，按 Enter 键即可生效。

（5）配置 USART2 的波特率，如图 6-9 所示。

① 选择 "Configuration" 选项卡，进行外设设置。

② 选择 USART2。

③ 设置波特率为 9600bit/s，其他参数保持默认即可。

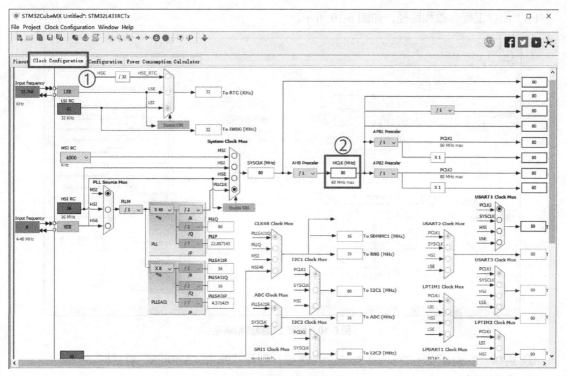

图 6-8　配置时钟频率信息

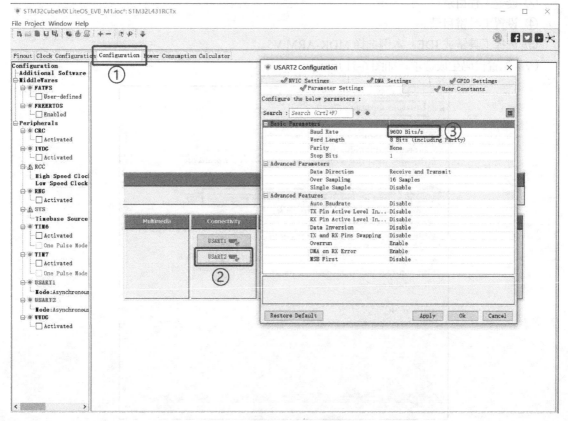

图 6-9　配置 USART2 的波特率

（6）配置工程参数和路径，如图 6-10 所示。

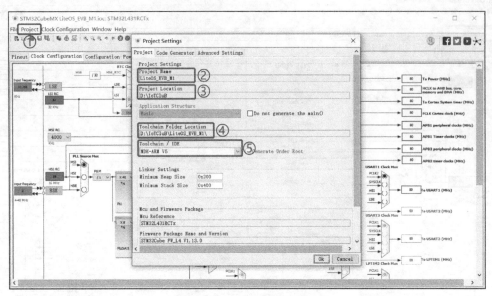

图 6-10　配置工程参数和路径

① 选择 "Project" → "Project Settings" 选项，打开 "Project Settings" 对话框。

② 设置工程名。

③ 设置工程目录。

④ 设置工具链目录。

⑤ 选择工具链或 IDE，本例选择 MDK-ARM V5。

（7）配置代码生成选项，如图 6-11 所示。

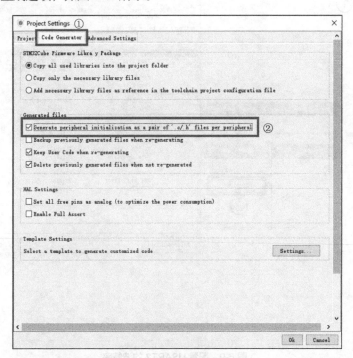

图 6-11　配置代码生成选项

① 选择"Code Generater"选项卡。

② 勾选该复选框,以将对应组件的代码(如串口)分别写在单独的扩展名为".c"和".h"的文件中,否则将全部生成在"main.c"文件中。

(8)单击图 6-12 所示的按钮即可生成 STM32L431 RCTx 的裸机工程。

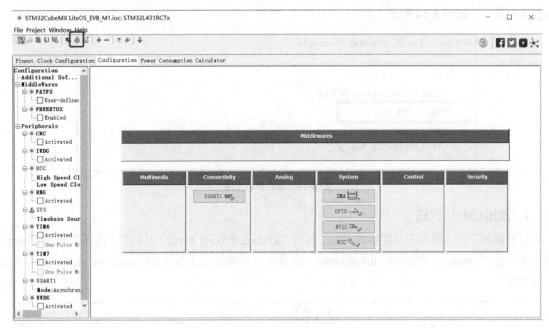

图 6-12　生成裸机工程

(9)单击"OK"按钮,查看生成的工程,如图 6-13 所示。

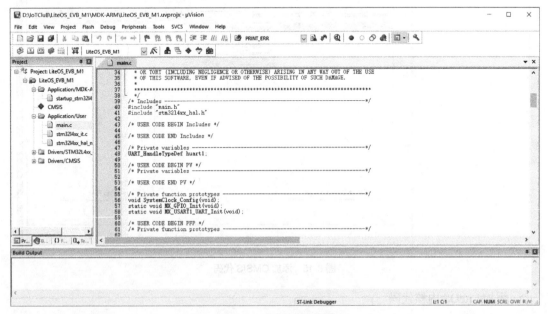

图 6-13　查看生成的工程

至此,STM32 裸机工程生成成功,该工程可直接编译并烧录到 EVB_M1 主板上运行,但是因为没有实现具体功能,所以无法看出运行效果,下一步将移植 LiteOS 至工程中,并新建 OS 任务点亮

LED 灯。

6.3.2 移植 LiteOS 内核源码

移植 LiteOS 内核源码前，先将 6.3.1 小节生成的裸机工程保存至从 GitHub 下载的 LiteOS 源码的 targets 目录下，如图 6-14 所示。

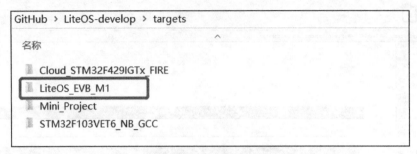

图 6-14 保存裸机工程

1. 添加 CMSIS 代码

打开裸机工程，单击工具栏中的按钮，打开"Manage Project Items"对话框，选择"Project Items"选项卡，在"Groups"中添加"liteos/cmsis"文件夹，并添加位于其下的 cmsis_liteos.c 文件，如图 6-15 所示。

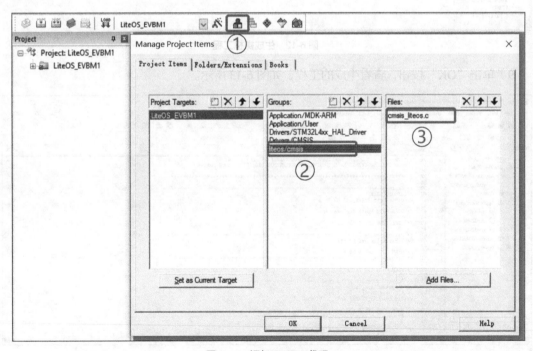

图 6-15 添加 CMSIS 代码

2. 添加 LiteOS 内核代码

在"Groups"中添加"liteos/kernel"文件夹，添加 LiteOS 内核代码，LiteOS 源码路径如表 6-1 所示。需要注意的是，LiteOS 提供了 3 套动态内存分配算法，位于"liteos/kernel/base\mem"目录下，分别是 bestfit、bestfit_little 和 tlsf，这三套动态内存算法只需添加其中一套即可，对于资源有限的芯片，建议选择 bestfit_little 算法。

表 6-1 LiteOS 源码路径

工程路径	工程源码文件
/kernel/base/core	所有 ".c" 文件
/kernel/base/ipc	所有 ".c" 文件
/kernel/base/mem/bestfit_little	所有 ".c" 文件
/kernel/base/mem/common	所有 ".c" 文件
/kernel/base/mem/membox	所有 ".c" 文件
/kernel/base/misc	所有 ".c" 文件
/kernel/base/om	所有 ".c" 文件
/kernel/extended/tickless	所有 ".c" 文件
/kernel	los_init.c

内核代码添加完成，如图 6-16 所示。

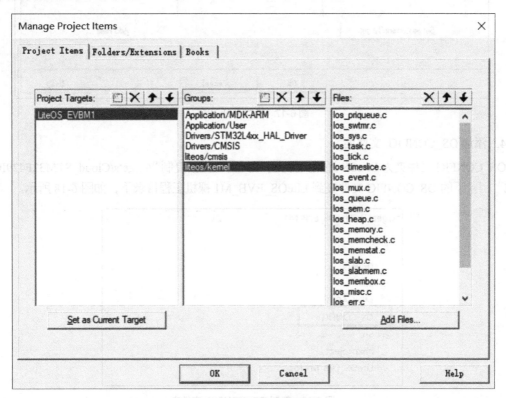

图 6-16　内核代码添加完成

3. 添加 Arch（CPU 相关）代码

在 "liteos/arch" 下，需要添加 LiteOS 的调度汇编文件。该文件需要根据不同的芯片内核和编译器进行选择，例如，本文使用的 STM32L431 是 ARM Cortex-M4 内核，编译器是 keil，所以选择 "liteos/arch/arm/arm-m/cortex-m4/keil" 目录下的 "los_dispatch_keil.S"；如果开发者手上的开发板内核是 Cortex-M0、GCC 编译器，则需要选择 "liteos/arch/arm/arm-m/cortex-m0/gcc" 目录下的 "los_dispatch_gcc.S"。另外，需添加位于 "arch/arm/arm-m/src" 目录下的 ARM Cortex M 核公用的 tick、中断、硬件堆栈实现文件，完成添加 Arch 代码，如图 6-17 所示。

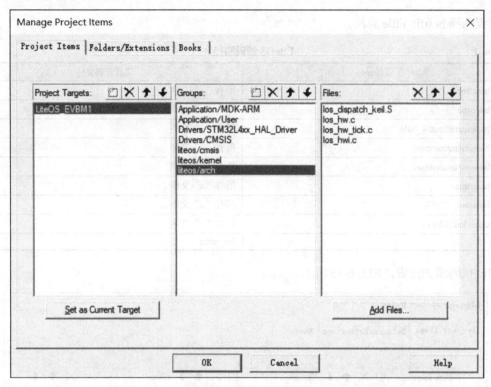

图 6-17 添加 Arch 代码

4. 添加 OS_CONFIG 文件夹

OS_CONFIG 文件夹为 LiteOS 通用文件夹, 因此可以直接复制 "/targets/Cloud_STM32F429IGTx_FIRE" 目录下的 OS_CONFIG 文件夹到 LiteOS_EVB_M1 裸机工程目录下, 如图 6-18 所示。

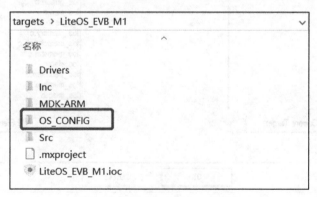

图 6-18 复制 OS_CONFIG 文件夹

OS_CONFIG 文件夹下的三个头文件为 LiteOS 配置模板, 对于 ARM Cortex M 系列, 只需要修改 "target_config.h" 中的参数就可以完成操作系统的配置。此处只需修改该文件的第 43 行代码, 将原来的#include "stm32f4xx.h"改为与自己单片机匹配的即可, 本书配套的 EVB_M1 主板使用的是 STM32L431RCT6 单片机, 所以将其修改为#include "stm32l4xx.h", 如图 6-19 所示。

5. 添加内核及 CPU 平台相关代码的头文件目录

目前, 已经将 LiteOS 源码添加到开发环境组文件夹中, 编译时还需要为这些源文件指定头文件的目录。开发者需要将 LiteOS 的头文件目录添加到开发环境 Keil 中, 添加过程及添加完成后的效果如图 6-20 所示。

```
35  /**@defgroup los_config System configuration items
36   * @ingroup kernel
37   */
38
39  #ifndef _TARGET_CONFIG_H
40  #define _TARGET_CONFIG_H
41
42  #include "los_typedef.h"
43  #include "stm32l4xx.h"
44
45
46  #ifdef __cplusplus
47  #if __cplusplus
48  extern "C" {
49  #endif /* __cplusplus */
50  #endif /* __cplusplus */
51
52  #define LOSCFG_CORTEX_M4
```

图 6-19　修改头文件

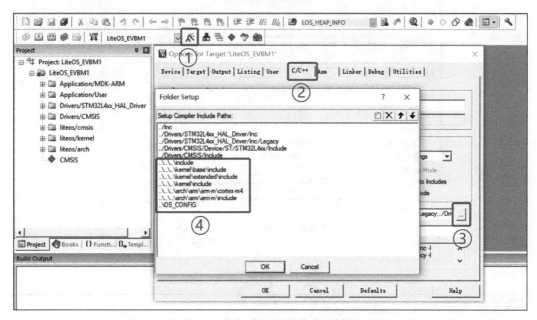

图 6-20　添加过程及添加完成后的效果

6. 修改分散加载文件

在 LiteOS 中, 中断向量表被放在运行内存中。为避免影响内存分配,需要将代码分散加载到不同的区域中, 官方提供的分散加载文件在每个具体的工程文件目录下, 如 " /targets/ STM32F429IGTx_FIRE/MDK-ARM" 文件夹下的 "STM32F429IGTx-LiteOS.sct" 文件,如图 6-21 所示。开发者需将它复制到新建的工程的 MDK-ARM 文件夹下,将其名称修改为 "STM32L431RCTx- LiteOS.sct",在工程中把 "STM32L431RCTx-LiteOS.sct" 文件配置到工程中,具体操作过程如图 6-22 所示。

单击分散加载文件后面的 "**Edit**" 按钮打开分散加载文件,并根据单片机的 Flash 和 RAM 空间进行修改,如图 6-23 所示。

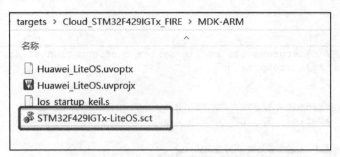

图 6-21 STM32F429IGTx-LiteOS.sct 分散加载文件

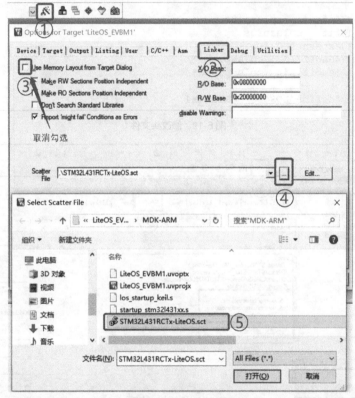

图 6-22 具体操作过程

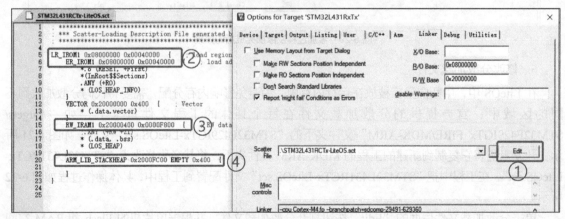

图 6-23 修改分散加载文件

7. 替换启动文件

本例中以 LiteOS 接管中断的方式来移植 LiteOS，由于中断向量表是由系统管理的，所以裸机工程的启动文件不能直接使用，需要替换掉。启动文件在 STM32F429IGTx_FIRE 工程中，如图 6-24 所示，将其复制到 MDK-ARM 文件夹下。

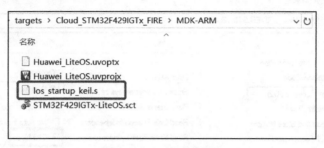

图 6-24　LiteOS 启动文件

在已建工程中，删除工程中的启动文件，添加 los_startup_keil.s 启动文件，在添加文件的时候注意文件类型要选择 "All files (*.*)"，如图 6-25 所示。

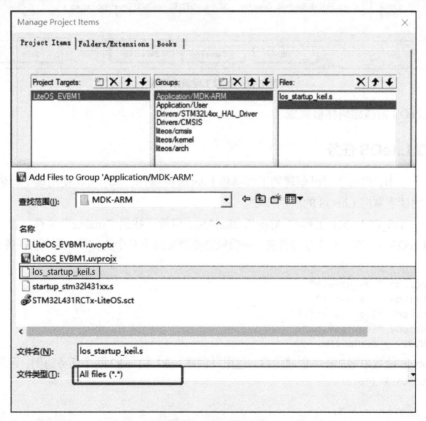

图 6-25　添加启动文件

8. 配置工程编译环境

在 LiteOS 中，需要 C99 标准的支持，以忽略相关的警告，在 "target" → "C/C++" 中勾选 "C99" 复选框，在 "Misc Controls" 文本框中输入 "--diag_suppress=1,47,177,186,223,1295"，该代码用于忽略部分编译的警告，如图 6-26 所示。

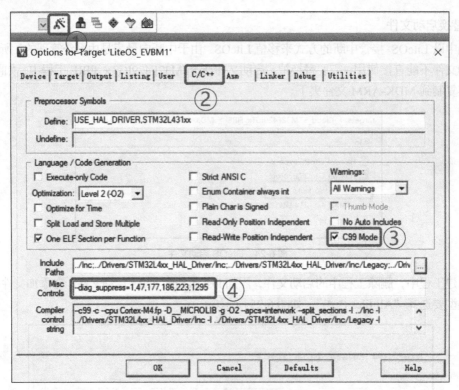

图 6-26 配置工程编译环境

至此，LiteOS 内核源码移植完成。

6.3.3 创建 LiteOS 任务

在 6.3.2 小节中，完成了对已创建的工程移植 LiteOS 的操作，本小节将使用该工程创建任务，点亮 LED 灯，使读者掌握 LiteOS 的应用开发。

（1）在 LiteOS_EVB_M1 工程的 Appplication/User 目录下找到 "main.c" 文件，在 "main.c" 文件中先增加 LiteOS 头文件，对于创建任务，一般只需要增加以下几个头文件，并声明任务 g_TskHandle 变量。

```
1    #include "los_base.h"
2    #include "los_sys.h"
3    #include "los_typedef.h"
4    #include "los_task.ph"
5    UINT32  g_TskHandle;
```

（2）在 main 函数中增加任务创建函数，这里以创建 task1 和 task2 两个任务为例，示例代码如下。

```
1    void task1(void)
2    {
3        int count = 1;
4        while (1)
5        {
6            //输出 task1 任务运行信息
7            printf("This is task1,count is %d/r/n",count++);
8
9            //设置引脚输出低电平，关闭 LED 灯
10           HAL_GPIO_WritePin(GPIOC, GPIO_PIN_13, GPIO_PIN_RESET);
```

```
11          LOS_TaskDelay(1000);
12      }
13  }
14  UINT32 creat_task1()
15  {
16      UINT32 uwRet = LOS_OK;
17      TSK_INIT_PARAM_S task_init_param;
18
19      task_init_param.usTaskPrio = 0;
20      task_init_param.pcName = "task1";
21      task_init_param.pfnTaskEntry = (TSK_ENTRY_FUNC)task1;
22      task_init_param.uwStackSize = 0x200;
23
24      uwRet = LOS_TaskCreate(&g_TskHandle, &task_init_param);
25      if(LOS_OK != uwRet)
26      {
27          return uwRet;
28      }
29      return uwRet;
30  }
31
32  void task2(void)
33  {
34      int count = 1;
35      while (1)
36      {
37          //输出 task2 任务运行信息
38          printf("This is task2,count is %d/r/n",count++);
39
40          //设置引脚输出高电平，点亮 LED 灯
41          HAL_GPIO_WritePin(GPIOC, GPIO_PIN_13, GPIO_PIN_SET);
42          LOS_TaskDelay(2000);
43      }
44  }
45  UINT32 creat_task2()
46  {
47      UINT32 uwRet = LOS_OK;
48      TSK_INIT_PARAM_S task_init_param;
49
50      task_init_param.usTaskPrio = 1;
51      task_init_param.pcName = "task2";
52      task_init_param.pfnTaskEntry = (TSK_ENTRY_FUNC)task2;
53      task_init_param.uwStackSize = 0x200;
54
55      uwRet = LOS_TaskCreate(&g_TskHandle, &task_init_param);
56      if(LOS_OK != uwRet)
57      {
58          return uwRet;
59      }
60      return uwRet;
61  }
```

（3）在 main 函数中初始化 LiteOS 内核，创建 task1 和 task2，调用 LOS_Start 函数启动 LiteOS。在 main 函数开头声明 UINT32 uwRet 变量，在 main 函数的 while(1)函数前面增加以下代码。

```
1  uwRet = LOS_KernelInit();
2  if (uwRet != LOS_OK)
```

```
3    {
4            return LOS_NOK;
5    }
6    uwRet = creat_task1();
7    if (uwRet != LOS_OK)
8    {
9            return LOS_NOK;
10   }
11   uwRet = creat_task2();
12   if (uwRet != LOS_OK)
13   {
14           return LOS_NOK;
15   }
16   LOS_Start();
```

（4）另外，为了方便调试查看 LiteOS 移植及任务运行效果，需要配置串口以支持 printf 函数，方便直观地观察 LiteOS 多任务调度的过程。在 LiteOS_EVB_M1 工程 "Application/User" 目录下的 "usart.c" 文件中，增加以下代码，让串口 1 支持串口重映射，并添加 "stdio.h" 头文件。

```
1    int fputc(int ch, FILE *f)
2    {
3        (void)HAL_UART_Transmit(&huart1, (uint8_t *)&ch, 1, 0xFFFF);
4        return ch;
5    }
```

（5）如果编译中出现 SysTick 和 PendSV 这两个函数的重复定义，则打开 LiteOS_EVB_M1 工程的 Application/User 目录，找到 "stm32l4xx_it.c" 文件，在文件中找到如下代码中的两个函数，加上 __weak 关键字即可。这样修改是因为 LiteOS 源码也对这两个函数进行了定义，通过修改避免了重复定义，代码如下所示。

```
1    /**
2    * @brief This function handles Pendable request for system service.
3    */
4    __weak void PendSV_Handler(void)
5    {
6      /* USER CODE BEGIN PendSV_IRQn 0 */
7
8      /* USER CODE END PendSV_IRQn 0 */
9      /* USER CODE BEGIN PendSV_IRQn 1 */
10
11     /* USER CODE END PendSV_IRQn 1 */
12   }
13
14   /**
15   * @brief This function handles System tick timer.
16   */
17   __weak void SysTick_Handler(void)
18   {
19     /* USER CODE BEGIN SysTick_IRQn 0 */
20
21     /* USER CODE END SysTick_IRQn 0 */
22     HAL_IncTick();
23     HAL_SYSTICK_IRQHandler();
24     /* USER CODE BEGIN SysTick_IRQn 1 */
25
26     /* USER CODE END SysTick_IRQn 1 */
27   }
```

6.3.4　实验效果

程序编译成功后，通过 ST-Link 仿真器将程序下载到 EVB_M1 主板中。可以看到 EVB_M1 主板的 LED 灯闪烁，同时 QCOM 输出任务运行信息，如图 6-27 所示，说明程序已经在正常运行了。

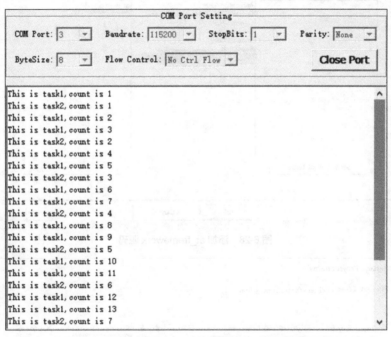

图 6-27　QCOM 输出任务运行信息

6.4　LiteOS AT 框架搭建

当前行业中多数通信模组使用 AT 指令进行通信，主要的差别在于部分 AT 指令不同，大多情况下 AT 指令是类似的。LiteOS SDK 的端云互通组件提供了一款 AT 框架，也可以称之为 AT 模板，方便用户对接不同的串口通信模组。本节将在 LiteOS 操作系统的基础模板上介绍移植 AT 框架的具体操作流程。

1. 添加 at_framework 源码

at_framework 的源码位于"EVB_M1_资料\06 源代码及实验\EVB_M1_V3.1\02 综合实验\AT 框架"目录下，该源码为 LiteOS AT 框架实现程序。LiteOS_EVB_M1 工程中的 at_framework 目录下需要添加 at_api.c 和 at_main.c 文件，这两个文件位于"/components/net/at_frame"文件夹下，如图 6-28 所示。

2. 添加 nb_iot_api 源码

工程的 nb_iot_api 目录下需要添加 los_nb_api.c 文件，如图 6-29 所示，该文件是 LiteOS 使用 NB-IoT 通信的 API 程序，位于/components/connectivity/nb_iot 文件夹下。

los_nb_api.c 包括 AT 串口初始化、设置平台对接地址、发送数据 API 和命令回调函数注册等功能。下面介绍 los_nb_api.c 文件中相关函数的功能。

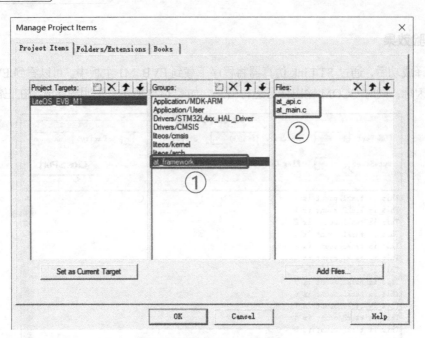

图 6-28　添加 at_framework 源码

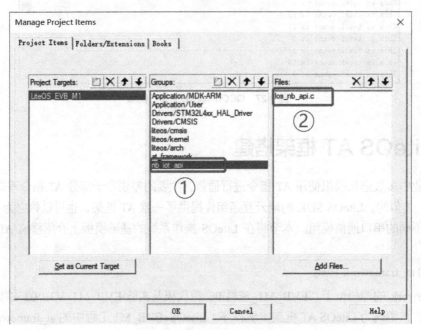

图 6-29　添加 nb_iot_api 源码

（1）int los_nb_init(const int8_t* host, const int8_t* port, sec_param_s* psk)

该函数是 NB-IoT 模块初始化函数，主要功能如下。

① AT 框架和串口参数初始化 at.init(&at_user_conf)。

② 通过 nb_reboot()初始化模组并等待模组自动联网。

③ 通过 nb_set_cdpserver((char *)host, (char *)port)设置云平台对接地址和端口。

int los_nb_init 函数代码如下。

```
1    int los_nb_init(const int8_t* host, const int8_t* port, sec_param_s* psk)
```

```
2    {
3        int ret;
4        int timecnt = 0;
5
6        at.init();
7
8        nb_reboot();
9        LOS_TaskDelay(2000);
10       if(psk != NULL)//encryption v1.9
11       {
12           if(psk->setpsk)
13               nb_send_psk(psk->pskid, psk->psk);
14           else
15               nb_set_no_encrypt();
16       }
17
18       while(1)
19       {
20           ret = nb_hw_detect();
21           printf("call nb_hw_detect,ret is %d/n",ret);
22           if(ret == AT_OK)
23               break;
24       }
25
26       while(timecnt < 120)
27       {
28           ret = nb_get_netstat();
29           nb_check_csq();
30           if(ret != AT_FAILED)
31           {
32               ret = nb_query_ip();
33               break;
34           }
35           timecnt++;
36       }
37       if(ret != AT_FAILED)
38       {
39           nb_query_ip();
40       }
41       ret = nb_set_cdpserver((char *)host, (char *)port);
42       return ret;
43   }
```

（2）int los_nb_report(const char* buf, int len)

该函数为模组向 OceanConnect 平台发送数据的函数，代码如下。

```
1    int los_nb_report(const char* buf, int len)
2    {
3        if(buf == NULL || len <= 0)
4            return -1;
5        return nb_send_payload(buf, len);
6    }
```

（3）int los_nb_notify(char* featurestr,int cmdlen, oob_callback callback, oob_cmd_match cmd_match)

该函数用于设置 URC 消息的回调函数，如平台下发命令的回调函数，代码如下。

```
1    int los_nb_notify(char* featurestr,int cmdlen, oob_callback callback, oob_cmd_match
2    cmd_match)
```

```
3    {
4        if(featurestr == NULL ||cmdlen <= 0 || cmdlen >= OOB_CMD_LEN - 1)
5            return -1;
6        return at.oob_register(featurestr,cmdlen, callback,cmd_match);
7    }
```

（4）int los_nb_deinit(void)

该函数用于重启 NB-IoT 模组，并关闭串口，代码如下。

```
1    int los_nb_deinit(void)
2    {
3        nb_reboot();
4        at.deinit();
5        return 0;
6    }
```

3. 添加 at_device 源码

工程的 at_device 目录下需要添加 bc95.c 文件，如图 6-30 所示。bc95.c 为 EVB_M1 主板板载的 NB-IoT 模组的驱动文件，位于 "/LiteOS-master/components/net/at_device/nb_bc95" 文件夹下，本套 EVB_M1 主板的模组分为 BC95 和 BC35-G 两种，两者的区别在于所支持的频段不同，BC95 为单频段模组，BC35-G 为全频段模组，两者的软件兼容，可使用同一个驱动文件。

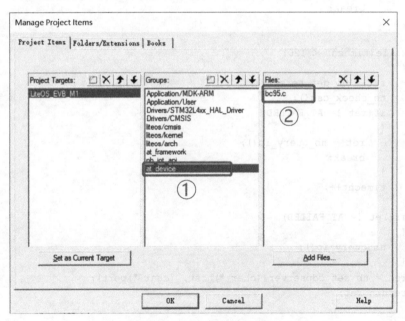

图 6-30　添加 at_device 源码

4. 添加 at_hal.c 文件

（1）将 "/targets/Cloud_STM32F429IGTx_FIRE/Src" 目录下的 at_hal.c 文件添加到工程的 Src 目录下，并将其添加到 "Application/User" 目录下，如图 6-31 所示。将 "/targets/Cloud_STM32F429IGTx_FIRE/Inc" 目录下的 at_hal.h 文件添加到工程的 Inc 目录下。

（2）修改代码。打开 at_hal.c 文件，将代码中的 hal 头文件修改为所使用开发板系列对应的头文件，本书使用的 EVB_M1 主板采用的是 STM32L431 单片机，即改为 stm32l4xx_hal.h。再修改 NB-IoT 模组与单片机连接的串口号，EVB_M1 主板使用的串口是 USART2，即修改为 USART2，如图 6-32 所示。

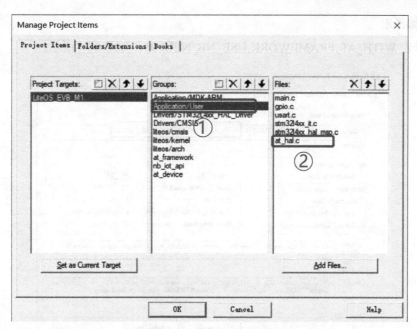

图 6-31　添加 at_hal.c 文件

```
at_hal.c
31      * Import, export and usage of Huawei LiteOS in any manner by you shall be in compliance with such
32      * applicable export control laws and regulations.
33      *--------------------------------------------------------------------*/
34
35  □#if defined(WITH_AT_FRAMEWORK)
36
37      #include "at_hal.h"
38      #include "stm32l4xx_hal.h"
39
40      extern at_task at;
41
42      UART_HandleTypeDef at_usart;
43
44      static USART_TypeDef *s_pUSART = USART2;
45      static uint32_t s_uwIRQn = USART2_IRQn;
46
47      //uint32_t list_mux;
48      uint8_t buff_full = 0;
49      static uint32_t g_disscard_cnt = 0;
50
51      uint32_t wi        = 0;
52      uint32_t pre_ri    = 0;/*only save cur msg start*/
53      uint32_t ri        = 0;
54
55
```

图 6-32　修改代码 1

（3）继续修改代码。第 86 行的串口数据寄存器 DR 修改为与 STM32L431 单片机对应的寄存器 RDR，如图 6-33 所示。

```
71          break;
72      default:
73          break;
74      }
75  }
76
77
78
79  void at_irq_handler(void)
80  □{
81      recv_buff recv_buf;
82      at_config *at_user_conf = at_get_config();
83
84      if(__HAL_UART_GET_FLAG(&at_usart, UART_FLAG_RXNE) != RESET)
85      {
86          at.recv_buf[wi++] = (uint8_t)(at_usart.Instance->RDR & 0x00FF);
87          if(wi == ri)buff_full = 1;
88          if (wi >= at_user_conf->user_buf_len)wi = 0;
89      }
90      else if (__HAL_UART_GET_FLAG(&at_usart, UART_FLAG_IDLE) != RESET)
91  □    {
92          __HAL_UART_CLEAR_IDLEFLAG(&at_usart);
93  □        /*
94          Ring Buffer ri------------------------>wi
95
```

图 6-33　修改代码 2

5. 添加编译宏

添加编译宏 WITH_AT_FRAMEWORK,USE_NB_NEUL95，如图 6-34 所示。

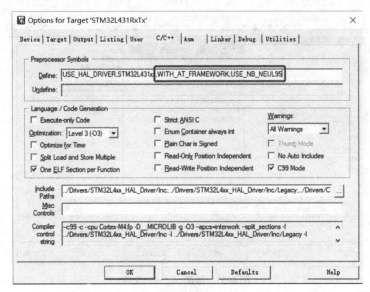

图 6-34　添加编译宏

6. 调用测试接口

在 main.c 中添加 "nb_iot/los_nb_api.h" 头文件，并在 task1 函数中调用 los_nb_init 函数测试 AT 框架。该函数用于对 NB-IoT 通信模组进行初始化、查询并等待模组附着网络、设置平台的对接地址，此时还未涉及对接平台的操作，所以调用函数的参数可均填写为 NULL，如图 6-35 所示。

```
main.c
44    void SystemClock_Config(void);
45
46    /* USER CODE BEGIN PFP */
47    /* Private function prototypes -----------------------------------------*/
48
49    /* USER CODE END PFP */
50
51    /* USER CODE BEGIN 0 */
52
53    /* USER CODE END 0 */
54    void task1(void)
55    {
56    int count = 1;
57    while (1)
58      {
59        printf("This is task1,count is %d\r\n",count++);
60        los_nb_init(NULL,NULL,NULL);
61        HAL_GPIO_WritePin(GPIOC, GPIO_PIN_13, GPIO_PIN_RESET);
62        LOS_TaskDelay(1000);
63      }
64    }
```

图 6-35　调用测试接口

7. 测试效果

程序编译成功后，通过 ST-Link 仿真器将程序下载到 EVB_M1 主板中，打开 QCOM，若能看到图 6-36 所示的串口输出日志，则说明 AT 框架已经搭建成功，接下来即可调用 los_nb_api.c 的 API 函数实现联网、发送数据、接收数据等功能。

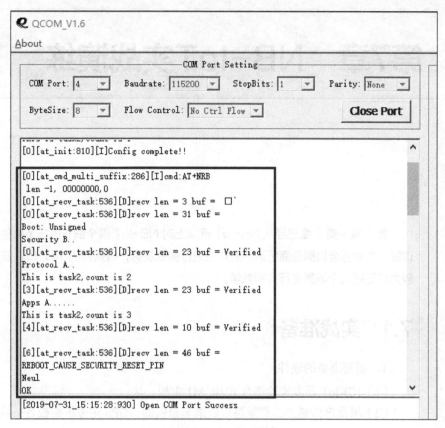

图 6-36　串口输出日志

6.5　本章小结

本章主要介绍了华为轻量级物联网操作系统 Huawei LiteOS。该操作系统具备轻量级、低功耗、互连互通、组件丰富、快速开发等关键能力，支持多种物联网接入协议。LiteOS 提供了一套通用的 AT 框架，适用于 NB-IoT、GPRS、Wi-Fi 等多种通信模组，简化了开发者对接云平台的流程，能有效降低开发门槛，缩短开发周期。

本章通过在 EVB_M1 主板上移植 LiteOS，让读者掌握移植嵌入式系统的一般方法；通过点亮 LED 灯实例，让读者了解了 LiteOS 内核的多任务管理功能，实际体验基于 LiteOS 开发应用的运行效果。

第7章　NB-IoT实战演练

　　第 1 章～第 6 章已经从 NB-IoT 框架上对 NB-IoT 整个细节进行了梳理和详解，本章将会根据前面所讲解的知识进行实战演练，根据目前 NB-IoT 应用较为广泛的几个场景进行实例教学。

7.1　实战准备

1. 需要准备的硬件

（1）NB-IoT 开发实验平台 EVB_M1 主板一块。

（2）温湿度传感器、智慧路灯、烟雾报警器、GPS 定位扩展板各一块。

（3）USB 转串口线以及 ST-Link 程序烧录器。

2. 需要准备的软件环境

（1）安装 MDK5.24（或以上版本）。

（2）串口调试助手：QCOM。

（3）华为云服务器。

（4）OceanConnect 平台。

3. 实验平台搭建

　　安装好天线和 NB-IoT 专用的 SIM 卡，将多功能跳线帽切换到单片机调试模式，如图 7-1 所示，通过 Micro USB 线将 EVB_M1 主板连接到计算机的 USB 口上，并将程序烧录器 ST-Link 与主板正确连接后再与计算机的 USB 口连接起来，打开电源开关给 EVB_M1 主板供电。

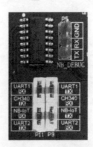

图 7-1　连接跳线帽

7.2　NB-IoT 温湿度采集器开发

本节将应用由 PC 端发送 AT 指令控制 NB-IoT 模组进行 UDP 数据收发的知识，开发一款通过 UDP 发送数据的 NB-IoT 温湿度采集器，并结合云端服务，在云端显示传感器采集到的数据。

EVB_M1 主板通过程序控制 NB-IoT 模组创建了一个 UDP Socket，该 Socket 是终端和应用端通信过程中使用的一个双向通信连接实现数据交换的接口。通过此 Socket 接口，模组可以完成和应用端的数据通信等动作。在本案例中，EVB_M1 主板需要通过 Socket 接口将温湿度传感器采集到的数据上传到华为云服务器上，下面将详细介绍本案例的主要流程。

7.2.1　设备安装

本案例需要采集温湿度数据，并将数据通过 NB-IoT 通信模块上传到 OceanConnect 平台。先将温湿度传感器扩展板安装在 EVB_M1 主板的扩展板安装处，并安装好天线和 NB-IoT 专用 SIM 卡，再确认多功能接口上的四个跳线帽已经全部安装到位，如图 7-2 所示。此时，EVB_M1 主板的 MCU 可通过 AT 指令实现与 NB-IoT 模组的交互。

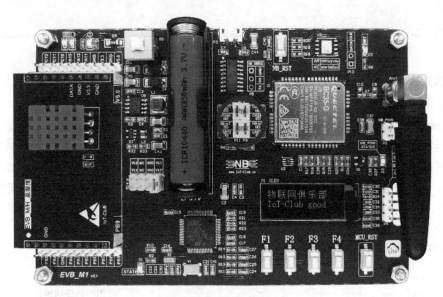

图 7-2　温湿度采集器设备安装

7.2.2　温湿度采集器设备开发

本小节主要介绍如何使用 MDK5 工具在 EVB_M1 主板上编写温湿度采集器的程序。

1. 导入案例工程

（1）打开 MDK5 软件，选择 "Project" → "Open Project" 选择，导入 "EVB_M1_资料\06 源代码及实验\NB-IoT 温湿度采集器开发实验\程序\EVB_M1_温湿度监测" 目录下的温湿度的 UDP 工程，如图 7-3 所示。

（2）导入后的工程如图 7-4 所示。

图 7-3　导入工程

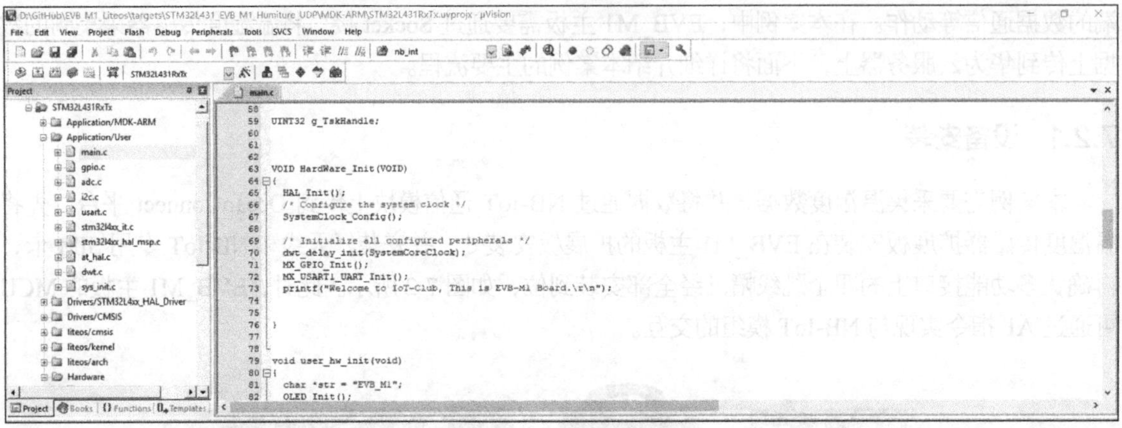

图 7-4　导入后的工程

2. 关键代码解析

(1)主函数代码

打开 main.c 文件,定位到 main_task 任务,它是由 LiteOS 创建的一个任务,在主程序入口 main 函数中只运行了这一个任务。main_task 任务中调用了 los_nb_init 函数,该函数用于初始化 NB-IoT 模组、设置对接平台地址(由于此案例不用对接物联网平台,因此这里不设置对接平台的地址),再调用 at_api_register 函数注册 NB-IoT 模组接口。经过上述步骤之后,LiteOS 中 AT 框架的 API 函数就会调用对应模组的驱动。最后,main_task 任务通过调用 nb_iot_entry 函数进入案例的实际操作程序,代码如下。

```
1    VOID main_task(VOID)
2    {
3        extern at_adaptor_api bc95_interface;
4        user_hw_init();                                    //用户外设初始化
5    #if defined USE_NB_NEUL95
6        #define AT_DTLS 0
7    #if AT_DTLS
8        sec_param_s sec;
9        sec.pskid = "868744031131026";
10       sec.psk = "d1e1be0c05ac5b8c78ce196412f0cdb0";
11   #endif
12       printf("\r\n==========================================================");
13       printf("\r\nSTEP1: Init NB Module( NB Init )");
14       printf("\r\n==========================================================\r\n");
15   #if AT_DTLS
16       los_nb_init(NULL,NULL,&sec);
17   #else
18       los_nb_init(NULL,NULL,NULL);
```

```
19    #endif
20        printf("\r\n=========================================================");
21        printf("\r\nSTEP2: Report Data to Server( NB Report )");
22        printf("\r\n========================= · =========================\r\n");
23        at_api_register(&bc95_interface);
24        nb_iot_entry();                                          //案例程序入口
25    #endif
26    }
```

nb_iot_entry 函数要创建两个任务，一个是数据采集任务"creat_data_collection_task"，另一个是数据发送任务"creat_data_report_task"，代码如下。

```
1     void nb_iot_entry(void)
2     {
3         UINT32 uwRet = LOS_OK;
4         uwRet = creat_data_collection_task();
5         if (uwRet != LOS_OK)
6         {
7             return ;
8         }
9         uwRet = creat_data_report_task();
10        if (uwRet != LOS_OK)
11        {
12            return ;
13        }
14    }
```

（2）数据采集及发送业务代码

数据采集任务要先调用 DHT11_Init 函数初始化传感器，再调用 DHT11_Read_TempAndHumidity 函数读取传感器数据。如果函数成功读取到温湿度数据，则将温湿度数据封装成能够通过 NB-IoT 模组发送的数据格式。如果数据读取失败，则任务重新调用 DHT11_Init 函数初始化传感器。在该任务中，开发者可通过修改 LOS_TaskDelay 的参数修改温湿度数据的获取周期（建议周期大于 1s），代码如下。

```
1     VOID data_collection_task(VOID)
2     {
3         UINT32 uwRet = LOS_OK;
4         DHT11_Init();                                          //初始化传感器
5         while (1)
6         {
7     
8             if(DHT11_Read_TempAndHumidity(&DHT11_Data)==SUCCESS)    //读取温湿度数据
9             {
10                printf("读取 DHT11 成功!-->湿度为%.1f %RH , 温度为 %.1f℃ \n",
11                    DHT11_Data.humidity,DHT11_Data.temperature);
12                sprintf(send, "Temp%.1fHum%.1f", DHT11_Data.temperature,
13                    DHT11_Data.humidity);                        //拼接要发送的数据
14            }
15            else
16            {
17                printf("读取 DHT11 信息失败\n");
18                DHT11_Init();
19            }
20    
21            uwRet=LOS_TaskDelay(2000);
```

147

```
22          if(uwRet !=LOS_OK)
23              return;
24          }
25  }
26
```

数据上报任务要先调用 **at_api_connect** 函数设置云平台的 IP 地址和端口号，获得返回的 Socket ID 供后续发送数据使用，再调用 **at_api_send** 函数，使用 UDP 发送数据，此任务设定数据的发送频率为 1 秒/次，开发者可通过调整 LOS_TaskDelay 的参数修改数据发送周期，代码如下。

```
1   VOID data_report_task(VOID)
2   {
3       UINT32 uwRet = LOS_OK;
4       UINT32 socket;
5       socket=at_api_connect("114.115.235.97","5000",17); //设置UDP服务器IP地址和端口
6       while(1)
7       {
8           at_api_send(socket,(const unsigned char *)send,strlen(send));  //发送数据
9
10          uwRet=LOS_TaskDelay(1000);
11          if(uwRet !=LOS_OK)
12          return;
13      }
14  }
```

（3）传感器驱动代码

本案例使用的温湿度传感器型号为 DHT11，采用单总线通信方式，输出信号为数字信号，外部处理器只需要一个 GPIO 引脚就能驱动该传感器从而读取数据。温湿度扩展板连接在 EVB_M1 主板上，可以看到扩展板的 DATA 脚连接的是 MCU 的 PA11 引脚，如图 7-5 所示，因此，需要对 MCU 的 PA11 引脚进行编程，从而驱动 DHT11。

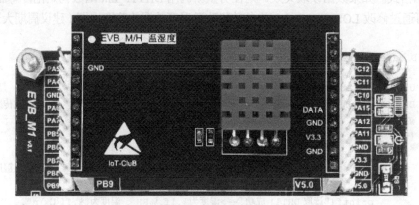

图 7-5　温湿度扩展板

打开 **DHT11_BUS.h** 文件，配置传感器数据对应的引脚，这里对引脚的时钟、端口和引脚进行宏定义。这样，修改传感器和 MCU 连接的引脚时，只需要修改宏定义即可。本案例中 DHT11 传感器连接的是 PA11 引脚，因此引脚宏定义代码如下。

```
1   /* 宏定义----------------------------------------------------------------- -*/
2   /*********************  DHT11 连接引脚定义  *************************/
3   #define DHT11_Dout_GPIO_CLK_ENABLE()            __HAL_RCC_GPIOA_CLK_ENABLE()
4   #define DHT11_Dout_PORT                         GPIOA
5   #define DHT11_Dout_PIN                          GPIO_PIN_11
```

uint8_t DHT11_Read_TempAndHumidity 函数的功能为从 DHT11 中读取温湿度的数据。数据读取顺序依次为读取温度高八位、温度低八位、湿度高八位、湿度低八位及校验和，计算出温度和湿度存入 DHT11 数据结构体，并对比校验和，代码如下。

```
1    /**
2     * 函数功能：一次完整的数据传输为 40bit，高位先出
3     * 输入参数：DHT11_Data:DHT11 数据类型
4     * 返 回 值：ERROR，表示读取出错
5     *          SUCCESS，表示读取成功
6     * 说    明：8bit 湿度整数 + 8bit 湿度小数 + 8bit 温度整数 + 8bit 温度小数 + 8bit 校验和
7     */
8    uint8_t DHT11_Read_TempAndHumidity(DHT11_Data_TypeDef *DHT11_Data)
9    {
10       uint8_t temp;
11       uint16_t humi_temp;
12
13       /*输出模式*/
14       DHT11_Mode_Out_PP();
15       /*主机拉低*/
16       DHT11_Dout_LOW();
17       /*延时 18ms*/
18       Delay_ms(18);
19       /*总线拉高，主机延时 30μs*/
20       DHT11_Dout_HIGH();
21
22       DHT11_Delay(30);    //延时 30μs
23
24       /*主机设为输入，判断从机响应信号*/
25       DHT11_Mode_IPU();
26
27       /*判断从机是否有低电平响应信号，如不响应则跳出，如响应则向下运行*/
28       if(DHT11_Data_IN()==GPIO_PIN_RESET)
29       {
30           /*轮询，直到从机发出 80μs 低电平响应信号结束*/
31           while(DHT11_Data_IN()==GPIO_PIN_RESET);
32
33           /*轮询，直到从机发出 80μs 高电平标置信号结束*/
34           while(DHT11_Data_IN()==GPIO_PIN_SET);
35
36           /*开始接收数据*/
37           DHT11_Data->humi_high8bit = DHT11_ReadByte();
38           DHT11_Data->humi_low8bit  = DHT11_ReadByte();
39           DHT11_Data->temp_high8bit = DHT11_ReadByte();
40           DHT11_Data->temp_low8bit  = DHT11_ReadByte();
41           DHT11_Data->check_sum     = DHT11_ReadByte();
42
43           /*读取结束，引脚改为输出模式*/
44           DHT11_Mode_Out_PP();
45           /*主机拉高*/
46           DHT11_Dout_HIGH();
47
```

```
48              /* 对数据进行处理 */
49              humi_temp=DHT11_Data->humi_high8bit*100+DHT11_Data->humi_low8bit;
50              DHT11_Data->humidity =(float)humi_temp/100;
51
52              humi_temp=DHT11_Data->temp_high8bit*100+DHT11_Data->temp_low8bit;
53              DHT11_Data->temperature=(float)humi_temp/100;
54
55              /*检查读取的数据是否正确*/
56              temp = DHT11_Data->humi_high8bit + DHT11_Data->humi_low8bit +
57                DHT11_Data->temp_high8bit+ DHT11_Data->temp_low8bit;
58              if(DHT11_Data->check_sum==temp)
59              {
60                  return SUCCESS;
61              }
62              else
63                  return ERROR;
64          }
65      else
66          return ERROR;
67  }
```

（4）NB-IoT 模组驱动代码

① int32_t at_api_connect(const char *host, const char *port, int proto)：该函数在 at_api.c 文件中，是 AT 框架下通信模组连接 UDP/TCP 服务器的 API 函数，在初始化时调用，该函数有三个参数——"*host" "*port" 和 "proto"，分别为要发送的主机地址、主机端口号、发送数据所需要用到的协议。UDP 的 "proto" 编号为 17，TCP 的 "proto" 编号为 6。如果需要使用 UDP，则填写 UDP 对应的编号 17，接口在初始化的时候直接初始化成 UDP 通信方式，代码如下。

```
1   int32_t at_api_connect(const char *host, const char *port, int proto)
2   {
3       int32_t ret = -1;
4
5       if (gp_at_adaptor_api && gp_at_adaptor_api->connect)
6       {
7           ret = gp_at_adaptor_api->connect((int8_t *)host, (int8_t *)port, proto);
8       }
9       return ret;
10  }
```

② int32_t nb_connect(const int8_t * host, const int8_t *port, int32_t proto)：该函数在 bc95.c 文件中，是 at_api_connect 连接服务器所调用的 NB-IoT 通信模组驱动函数。该函数的主要功能是创建 Socket 并设置连接服务器 IP 地址和端口的函数，通过 nb_create_sock_link 创建 Socket 并保持编号，因 5683 和 5684 端口不可用于创建 Socket，所以当端口号设置为 5683 或 5684 时会自动切换成 5685。最后，将要连接服务的 IP 地址和端口保存在 sockinfo 结构体数组中，在发送数据时调用，代码如下。

```
1   int32_t nb_connect(const int8_t * host, const int8_t *port, int32_t proto)
2   {
3       int ret = 0;
4       static uint16_t localport = NB_STAT_LOCALPORT;
5       const int COAP_SEVER_PORT = 5683;
6
7       if (nb_create_sock_link(localport, &ret) != AT_OK)
8       {
9           return AT_FAILED;
```

```
10    }
11        port++;
12        if (localport == COAP_SEVER_PORT || localport == (COAP_SEVER_PORT + 1))
13        {
14            localport = 5685;
15        }
16        strncpy(sockinfo[ret].remoteip, (const char *)host, sizeof
17        (sockinfo[ret].remoteip));
18        sockinfo[ret].remoteip[sizeof(sockinfo[ret].remoteip) - 1] = '\0';
19        sockinfo[ret].remoteport = chartoint((char*)port);
20        AT_LOG("ret:%d remoteip:%s
21        port:%d",ret,sockinfo[ret].remoteip,sockinfo[ret].remoteport);
22
23        return ret;
24    }
```

③ int32_t at_api_send (int32_t id , const unsigned char *buf, uint32_t len)：该函数在 at_api.c 文件中，是 AT 框架下通信模组向服务器发送数据的 API 函数，代码如下。

```
1    int32_t at_api_send(int32_t id , const unsigned char *buf, uint32_t len)
2    {
3        if (gp_at_adaptor_api && gp_at_adaptor_api->send)
4        {
5            return gp_at_adaptor_api->send(id, buf, len);
6        }
7        return -1;
8    }
```

④ int32_t nb_send (int32_t id , const uint8_t *buf, uint32_t len)：该函数在 bc95.c 文件中，是 NB-IoT 模组通过 UDP/TCP 发送数据的函数。根据前面调用 nb-connect 函数创建的 Socket ID 对指定的远程服务器的 IP 地址和端口发送数据。此 EVB_M1 主板使用的 NB-IoT 模组最大支持创建 8 个 Socket，如果设置的 id 大于最大的可创建的 Socket 编号，则函数会直接退出发送流程，如果参数设置无误，则 nb_send 函数会调用 nb_sendto 函数完成数据的发送，代码如下。

```
1    Int32_t nb_send(int32_t id , const uint8_t *buf, uint32_t len)
2    {
3        if (id >= MAX_SOCK_NUM)
4        {
5            AT_LOG("invalid args");
6            return AT_FAILED;
7        }
8        return nb_sendto(id , buf, len, sockinfo[id].remoteip,(int)sockinfo[id].remoteport);
9    }
```

3. 修改网络参数

打开 nb_iot_demo 目录下的 nb_iot_demo.c 文件。在 data_report_task 任务下可以看到 at_api_connect 函数中需要设置服务器的 IP 地址和端口号，这里的服务器 IP 地址需要改为 3.4 节获取的服务器 IP 地址，端口号统一设置为 5000，代码如下。

```
1    VOID data_report_task(VOID)
2    {
3        UINT32 uwRet = LOS_OK;
4        UINT32 socket;
5        socket=at_api_connect("114.115.235.97","5000",17); //设置 UDP 的服务器 IP 地址和端口
6        while(1)
7        {
8            at_api_send(socket,(const unsigned char *)send,strlen(send));  //发送数据
```

```
9          uwRet=LOS_TaskDelay(1000);
10         if(uwRet !=LOS_OK)
11         return;
12     }
13  }
```

4. 工程编译烧录

（1）单击 MDK 工具栏中的编译图标编译程序，如图 7-6 所示。

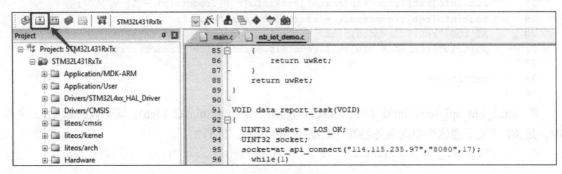

图 7-6　编译程序

（2）编译成功后，可在编译信息输出栏中看到图 7-7 所示的消息。

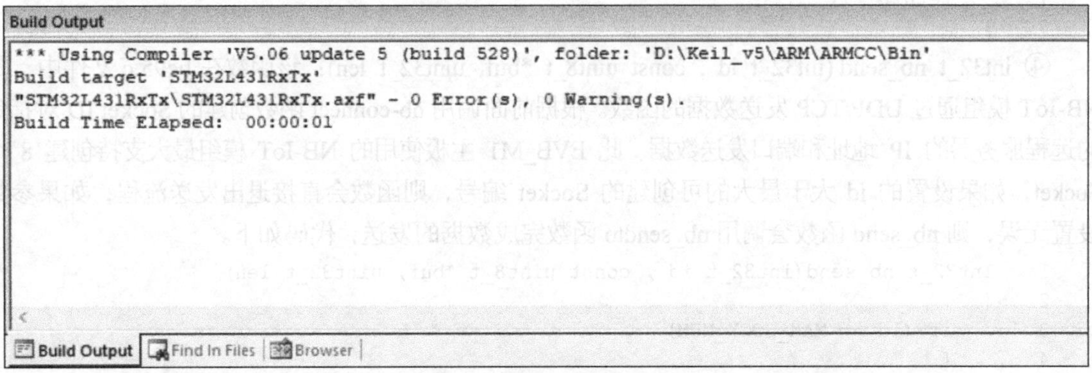

```
Build Output

*** Using Compiler 'V5.06 update 5 (build 528)', folder: 'D:\Keil_v5\ARM\ARMCC\Bin'
Build target 'STM32L431RxTx'
"STM32L431RxTx\STM32L431RxTx.axf" - 0 Error(s), 0 Warning(s).
Build Time Elapsed:  00:00:01

Build Output    Find In Files    Browser
```

图 7-7　编译成功后的消息

（3）单击图 7-8 所示的按钮烧录程序，烧录程序前应先确认 ST-Link 设备已经连接成功。

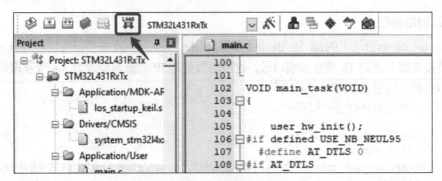

图 7-8　烧录程序

7.2.3 应用开发

远程登录 3.4 节中的华为云服务器桌面，将"EVB_M1_资料\06 源代码及实验\NB-IoT 温湿度采集器开发实验\工具"目录下的 UDP 温湿度监测软件复制到服务器的桌面上，并打开软件。在"请输入端口号"文本框中输入"5000"，单击"监听"按钮，开启 UDP 端口的监听功能，如图 7-9 所示。

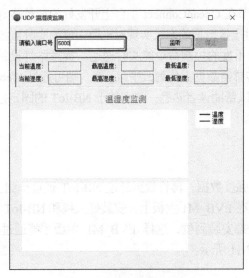

图 7-9 UDP 温湿度监测软件

7.2.4 业务调试

EVB_M1 主板上电后，UDP 温湿度监测软件的界面中会显示当前环境的温湿度及变化曲线，如图 7-10 所示。

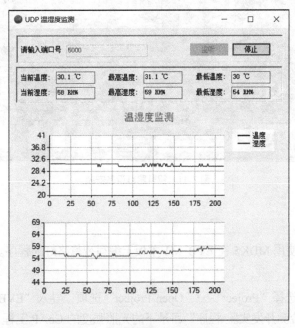

图 7-10 当前环境的温湿度及变化曲线

7.3 NB-IoT 智慧路灯开发

智慧路灯应用场景为典型的固定控制类场景，这类场景的设备大部分时间处于在线状态，能实时接收下行数据。固定控制类终端应用对数据实时性要求高，对功耗要求低。虽然 NB-IoT 不是针对实时性设备设计的，但是在这种固定控制类场景下，NB-IoT 模组通信方式是非常省成本且方便的。

在本案例中，利用 5.2 节在 OceanConnect 平台上开发好的智慧路灯产品，将设备注册在该产品下。EVB_M1 主板采用定时上报数据的方式实现对光照强度的实时监控，并且需要保证终端处于实时在线状态，以确保云平台下发的控制命令能实时送达。智慧路灯设备通过 EVB_M1 主板自带的 NB-IoT 模组连接网络，将传感器数据上传到云平台。客户端可通过 Web 界面实时查看设备上报的数据及各项参数信息。本节可以帮助读者熟悉一整套基于 NB-IoT 的固定控制类设备的开发流程，实现设备端与应用端的开发联调。

7.3.1 设备安装

本案例需要先采集光照强度数据，再将数据通过 NB-IoT 通信模组上传到 OceanConnect 平台。先将光照传感器扩展板安装在 EVB_M1 主板上，安装好天线和 NB-IoT 专用 SIM 卡，再确认多功能接口上的四个跳线帽已经全部安装到位，这样 EVB_M1 主板才能通过单片机发送 AT 指令实现与 NB-IoT 模组的交互，如图 7-11 所示。

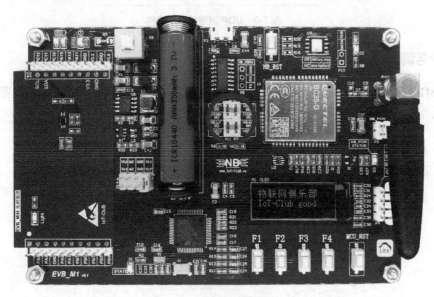

图 7-11　智慧路灯设备安装

7.3.2 设备开发

本节主要介绍如何使用 MDK5 在 EVB_M1 主板上编写智慧路灯的程序。

1. 导入案例工程

（1）打开 MDK5，选择"Project"→"Open Project"选项，导入"EVB_M1_资料\06 源代码及实验\NB-IoT 光照强度检测开发实验\程序"目录下的光照强度的 CoAP 工程，如图 7-12 所示。

图 7-12　导入工程

（2）导入后的工程如图 7-13 所示。

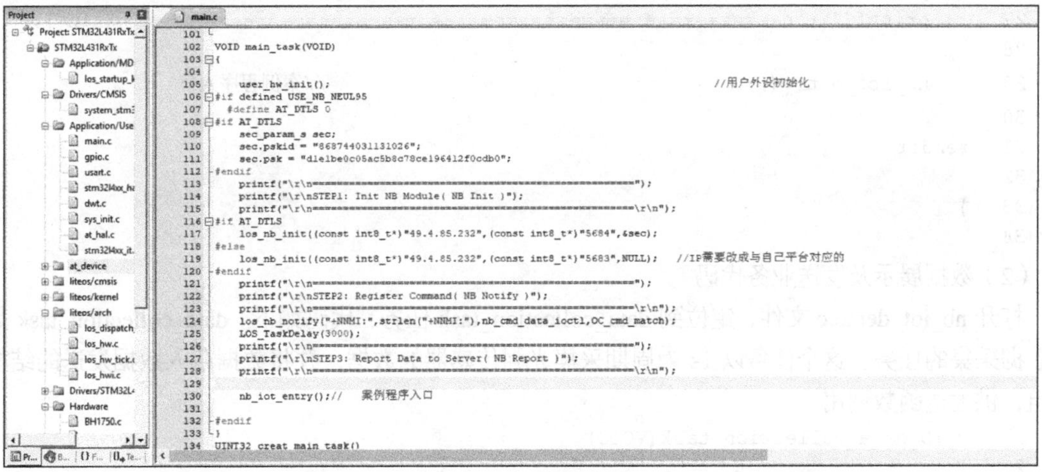

图 7-13　导入后的工程

2. 关键代码解析

（1）主函数代码

打开 main.c 文件，定位到 main_task 任务，代码如下。AT_DTLS 参数定义了是否启用加密传输方式，1 表示启用 DTLS 加密传输，0 表示不启用 DTLS 加密传输。本案例将使用 CoAP 的非加密传输方式，需要设置 AT_DTLS 宏定义为 0。在调用 los_nb_init 函数初始化模组时，设置平台对接 IP 地址和 5683 非加密端口，平台对接的 IP 地址为 3.4 节中获取到的对接地址。调用 los_nb_notify 函数注册命令下发的回调函数，在回调函数中将处理并执行下发的命令。与温湿度采集器一样，本案例也使用 nb_iot_entry 函数进入案例的业务程序。

```
1    VOID main_task(VOID)
2    {
3        user_hw_init();                                        //用户外设初始化
4    #if defined USE_NB_NEUL95
5        #define AT_DTLS 0
6    #if AT_DTLS
7        sec_param_s sec;
8        sec.pskid = "867725030091882";
9        sec.psk = "d1e1be0c05ac5b8c78ce196412f01010";
10   #endif
11       printf("\r\n=======================================================");
12       printf("\r\nSTEP1: Init NB Module( NB Init )");
```

155

```
13      printf("\r\n=======================================================\r\n");
14  #if AT_DTLS
15      los_nb_init((const int8_t*)"49.4.85.232",(const int8_t*)"5684",&sec);//加密方式
16  #else
17      los_nb_init((const int8_t*)"49.4.85.232",(const int8_t*)"5683",NULL);
18                                                                      //非加密方式
19  #endif
20      printf("\r\n=======================================================");
21      printf("\r\nSTEP2: Register Command( NB Notify )");
22      printf("\r\n=======================================================\r\n");
23      los_nb_notify("+NNMI:",strlen("+NNMI:"),nb_cmd_data_ioctl,OC_cmd_match);
24      LOS_TaskDelay(3000);
25      printf("\r\n=======================================================");
26      printf("\r\nSTEP3: Report Data to Server( NB Report )");
27      printf("\r\n=======================================================\r\n");
28
29      nb_iot_entry();                                 //案例程序入口
30
31  #endif
32
33  }
34
```

（2）数据展示及发送业务代码

打开 nb_iot_demo.c 文件，定位到 data_collection_task 任务，代码如下。data_collection_task 是负责数据采集的任务，这个任务以 1s 为周期采集光强传感器的数据，并将数据存入数据发送的结构体数组，供发送函数调用。

```
1   VOID data_collection_task(VOID)
2   {
3       UINT32 uwRet = LOS_OK;
4
5       short int Lux;
6       Init_BH1750();                              //初始化传感器
7       OLED_ShowString(30,2,"Lux:",16);
8       while (1)
9       {
10
11          printf("This is data_collection_task !\r\n");
12          Lux=(int)Convert_BH1750();              //采集传感器数据
13          printf("\r\n*****************************BH1750 Value is  %d\r\n",Lux);
14
15          sprintf(BH1750_send.Lux, "%5d", Lux);   //将传感器数据存入发送数据的结构体
16
17          OLED_ShowString(60,2,(uint8_t*)BH1750_send.Lux,16);
18
19          uwRet=LOS_TaskDelay(1000);
20          if(uwRet !=LOS_OK)
21              return;
22
23      }
24  }
```

打开 nb_iot_demo.c 文件，定位到 data_report_task 任务，代码如下。该任务主要实现向平台发送数据的功能，可通过修改 LOS_TaskDelay 参数设置终端上报数据的频率。本案例为了实现实时控制，

需要模组一直保持连接状态，其中一个方法就是不断地让模组上报数据，本案例的上报周期建议小于 25s。

```
1    VOID data_report_task(VOID)
2    {
3        UINT32 uwRet = LOS_OK;
4
5        while(1)
6        {
7
8            if(los_nb_report((const char*)(&BH1750_send),sizeof(BH1750_send))>=0)
9                                                                //发送数据到平台
10                    printf("ocean_send_data OK!\n");
11           else
12           {
13               printf("ocean_send_data Fail!\n");
14           }
15
16           uwRet=LOS_TaskDelay(1000);
17           if(uwRet !=LOS_OK)
18               return;
19       }
20   }
```

（3）传感数据采集代码

本案例的光照强度扩展板采用 BH1750 芯片作为光照强度的传感器，通信接口采用标准的 IIC 接口，所以单片机与 BH1750 只需连接两条线即可实现传感器数据的读取。调用 BH1750.c 文件的 Convert_BH1750 函数，此函数通过调用 Read_BH1750 接口获得 BH1750 传感器的数据，将数据存于 BUF 数组中，通过处理，Convert_BH1750 函数最终得到光照强度值，代码如下。光强的测量范围为 0~65535Lux，精度为 0.5Lux。

```
1    float Convert_BH1750(void)
2    {
3        Start_BH1750();
4        LOS_TaskDelay(180);
5        Read_BH1750();
6        result=BUF[0];
7        result=(result<<8)+BUF[1];  //合成数据，即光照数据
8        result_lx=(float)(result/1.2);
9        return result_lx;
10   }
```

（4）NB-IoT 模组驱动代码

EVB_M1 主板获取传感器数据后，需要通过 NB-IoT 对接驱动，将采集到的数据发送至平台。

① int los_nb_init(const int8_t* host, const int8_t* port, sec_param_s* psk)：该函数在 los_nb_api.c 文件中，用于对 NB-IoT 通信模组进行初始化、查询并等待模组附着网络、设置平台的对接地址，代码如下。函数中三个参数分别为设备对接 IP 地址、设备对接端口及加密的 PSK 码。需要注意的是，不同平台的设备对接地址不同，请以自己的平台为准。

```
1    int los_nb_init(const int8_t* host, const int8_t* port, sec_param_s* psk)
2    {
3        int ret;
4        int timecnt = 0;
5        /*when used nb with agenttiny*/
6        /*the following para is replaced by call nb_int()*/
```

```
7      at_config at_user_conf = {
8          .name = AT_MODU_NAME,
9          .usart_port = AT_USART_PORT,
10         .buardrate = AT_BUARDRATE,
11         .linkid_num = AT_MAX_LINK_NUM,
12         .user_buf_len = MAX_AT_USERDATA_LEN,
13         .cmd_begin = AT_CMD_BEGIN,
14         .line_end = AT_LINE_END,
15         .mux_mode = 1, //support multi connection mode
16         .timeout = AT_CMD_TIMEOUT,   // ms
17     };
18     at.init(&at_user_conf);
19     nb_reboot();
20     LOS_TaskDelay(2000);
21     if(psk != NULL)//encryption v1.9
22     {
23         if(psk->setpsk)
24             nb_send_psk(psk->pskid, psk->psk);
25     }
26     else
27         nb_set_no_encrypt();
28     while(1)
29     {
30         ret = nb_hw_detect();
31         printf("call nb_hw_detect,ret is %d\n",ret);
32         if(ret == AT_OK)
33             break;
34         while(timecnt < 120)
35         {
36             ret = nb_get_netstat();
37             nb_check_csq();
38             if(ret != AT_FAILED)
39             {
40                 ret = nb_query_ip();
41                 break;
42             }
43             timecnt++;
44         }
45         if(ret != AT_FAILED)
46         {
47             nb_query_ip();
48         }
49         ret = nb_set_cdpserver((char *)host, (char *)port);
50             return ret;
51     }
52 }
53
```

② int32_t nb_set_cdpserver(char* host, char* port)：该函数在 bc95.c 文件中，用于设置 NB-IoT 模组对接平台的 IP 地址，以及使能接收数据的 URC 上报，代码如下。

```
1    int32_t nb_set_cdpserver(char* host, char* port)
2    {
3        char *cmd = "AT+NCDP=";
4        char *cmd2 = "AT+NCDP?";
5        char *cmdNNMI = "AT+NNMI=1\r";
6        char tmpbuf[128] = {0};
```

```
7       int ret = -1;
8       char ipaddr[100] = {0};
9       if(strlen(host) > 70 || strlen(port) > 20 || host==NULL || port == NULL)
10      {
11              ret = at.cmd((int8_t*)cmdNNMI, strlen(cmdNNMI), "OK", NULL,NULL);
12              return ret;
13      }
14      snprintf(ipaddr, sizeof(ipaddr) - 1, "%s,%s\r", host, port);
15      snprintf(tmpbuf, sizeof(tmpbuf) - 1, "%s%s%c", cmd, ipaddr, '\r');
16      ret = at.cmd((int8_t*)tmpbuf, strlen(tmpbuf), "OK", NULL,NULL);
17      if(ret < 0)
18      {
19          return ret;
20      }
21      ret = at.cmd((int8_t*)cmd2, strlen(cmd2), ipaddr, NULL,NULL);
22      ret = at.cmd((int8_t*)cmdNNMI, strlen(cmdNNMI), "OK", NULL,NULL);
23      return ret;
24  }
```

③ int los_nb_notify (char* featurestr,int cmdlen, oob_callback callback, oob_cmd_match cmd_match)：该函数在 los_nb_api.c 文件中，为注册下发消息的回调函数，如果 EVB_M1 主板收到了平台下发的命令，那么这个函数会调用相应的处理函数来处理这个命令。los_nb_notify 函数有四个参数，分别为要匹配的数据字段、匹配字段的长度、命令回调的执行函数、注册字段的匹配函数，代码如下。

```
1   int los_nb_notify(char* featurestr,int cmdlen, oob_callback callback, oob_cmd_match
2   cmd_match)
3   {
4       if(featurestr == NULL ||cmdlen <= 0 || cmdlen >= OOB_CMD_LEN - 1)
5           return -1;
6       return at.oob_register(featurestr,cmdlen, callback,cmd_match);
7   }
```

④ int32_t nb_coap_send (const char* buf, int len)：该函数在 bc95.c 文件中，用于通过 CoAP 向 Ocean Connect 平台发送数据，该函数能够读取发送数据状态统计值。该函数在发送数据前会将字符串类型的数据转换为模组能发送的十六进制字符串类型，最大可发送的数据量为 512 字节。当输入的数据量大于 512 字节时，函数会自动退出，且不会调用 AT 指令发送函数，代码如下。

```
1   int32_t nb_coap_send(const char* buf, int len)
2   {
3       char *cmd1 = "AT+NMGS=";
4       char *cmd2 = "AT+NQMGS\r";
5       int ret;
6       char* str = NULL;
7       int curcnt = 0;
8       int rbuflen;
9       static int sndcnt = 0;
10      if(buf == NULL || len > AT_MAX_PAYLOADLEN)
11      {
12          AT_LOG("payload too long");
13          return -1;
14      }
15      memset(tmpbuf, 0, AT_DATA_LEN);
16      memset(wbuf, 0, AT_DATA_LEN);
17      str_to_hex(buf, len, tmpbuf);
18      memset(rbuf, 0, AT_DATA_LEN);
```

```
19        snprintf(wbuf, AT_DATA_LEN,"%s%d,%s%c",cmd1,(int)len,tmpbuf,'\r');
20        ret = at.cmd((int8_t*)wbuf, strlen(wbuf), "OK", NULL,NULL);
21        if(ret < 0)
22            return -1;
23        ret = at.cmd((int8_t*)cmd2, strlen(cmd2), "SENT=", rbuf,&rbuflen);
24        if(ret < 0)
25            return -1;
26        str = strstr(rbuf,"SENT=");
27        if(str == NULL)
28            return -1;
29        sscanf(str,"SENT=%d,%s",&curcnt,wbuf);
30        if(curcnt == sndcnt)
31            return -1;
32        sndcnt = curcnt;
33        return ret;
34   }
```

3. 修改对接参数

打开工程 User 目录下的 main.c 文件，在 main_task 任务下可以看到 los_nb_init 函数中需要设置的平台 IP 地址和端口号，代码如下。本案例使用的是非加密方式传输，修改第 19 行代码非加密方式下的平台 IP 地址和端口号即可。

```
1    VOID main_task(VOID)
2    {
3
4        user_hw_init();                                      //用户外设初始化
5    #if defined USE_NB_NEUL95
6        #define AT_DTLS 0
7    #if AT_DTLS
8        sec_param_s sec;
9        sec.pskid = "867725030091882";
10       sec.psk = "d1e1be0c05ac5b8c78ce196412f01010";
11   #endif
12       printf("\r\n=========================================================");
13       printf("\r\nSTEP1: Init NB Module( NB Init )");
14       printf("\r\n=========================================================\r\n");
15   #if AT_DTLS
16       los_nb_init((const int8_t*)"49.4.85.232",(const int8_t*)"5684",&sec);
17                                                             //加密方式
18   #else
19       los_nb_init((const int8_t*)"49.4.85.232",(const int8_t*)"5683",NULL);
20                                                             //非加密方式
21   #endif
22       printf("\r\n=========================================================");
23       printf("\r\nSTEP2: Register Command( NB Notify )");
24       printf("\r\n=========================================================\r\n");
25       los_nb_notify("+NNMI:",strlen("+NNMI:"),nb_cmd_data_ioctl,OC_cmd_match);
26       LOS_TaskDelay(3000);
27       printf("\r\n=========================================================");
28       printf("\r\nSTEP3: Report Data to Server( NB Report )");
29       printf("\r\n=========================================================\r\n");
30
31       nb_iot_entry();                                       //案例程序入口
32
33   #endif
34   }
```

4. 工程编译烧录

（1）单击 MDK 工具栏中的编译按钮编译程序，如图 7-14 所示。

STM32L431RxTx
Project
main.c
Project: STM32L431RxTx
STM32L431RxTx
Application/MDK-AR
los_startup_keil.s
Drivers/CMSIS
system_stm32l4x
Application/User
100
101
102 VOID main_task(VOID)
103 {
104
105 user_hw_init();
106 #if defined USE_NB_NEUL95
107 #define AT_DTLS 0
108 #if AT_DTLS

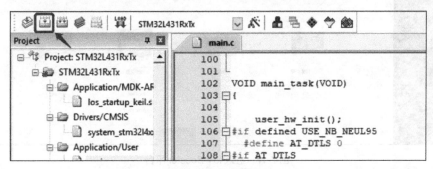

图 7-14　编译程序

（2）编译成功后，可在编译信息输出栏中看到图 7-15 所示的消息。

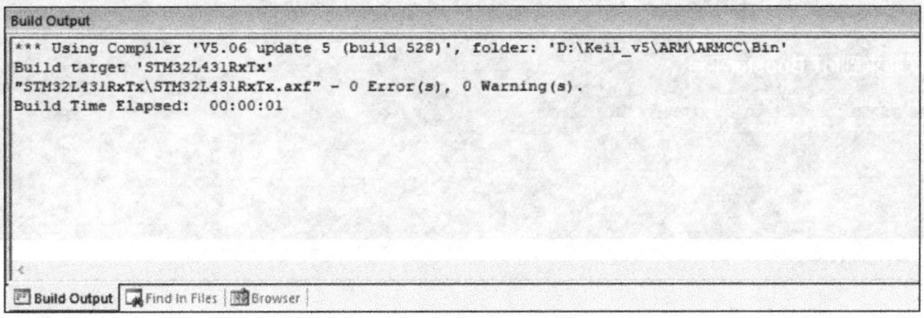

Build Output
*** Using Compiler 'V5.06 update 5 (build 528)', folder: 'D:\Keil_v5\ARM\ARMCC\Bin'
Build target 'STM32L431RxTx'
"STM32L431RxTx\STM32L431RxTx.axf" - 0 Error(s), 0 Warning(s).
Build Time Elapsed: 00:00:01
Build Output
Find In Files
Browser

图 7-15　编译成功后的消息

（3）单击图 7-16 所示的按钮烧录程序，烧录程序前应先确认 ST-Link 设备已经连接成功。

LOAD
STM32L431RxTx
Project
main.c
Project: STM32L431RxTx
STM32L431RxTx
Application/MDK-AR
los_startup_keil.s
Drivers/CMSIS
system_stm32l4x
Application/User
100
101
102 VOID main_task(VOID)
103 {
104
105 user_hw_init();
106 #if defined USE_NB_NEUL95
107 #define AT_DTLS 0
108 #if AT_DTLS

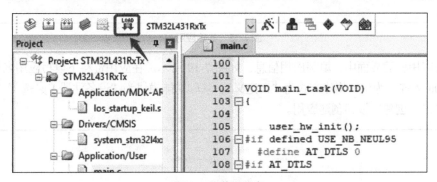

图 7-16　烧录程序

7.3.3　应用开发

本小节将介绍如何使用华为的 IoT Booster 平台开发一个 Web 界面，实现当前光照强度数据以及光照强度变化曲线的实时查看，并实现手动和自动控制 EVB_M1 主板上的 LED 灯。

1. 构建应用

（1）在开发中心中，选择“应用”→“Web 应用开发”选项，单击“立即前往”按钮，进入 IoT Booster 平台，如图 7-17 所示。

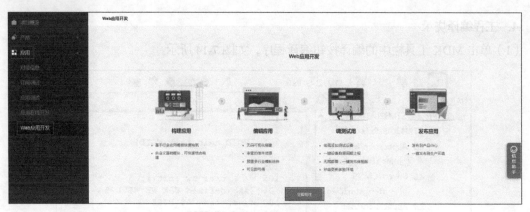

图 7-17　进入 IoT Booster 平台

（2）在 IoT Booster 平台首页中，单击"构建应用"按钮，如图 7-18 所示，进入应用构建界面。

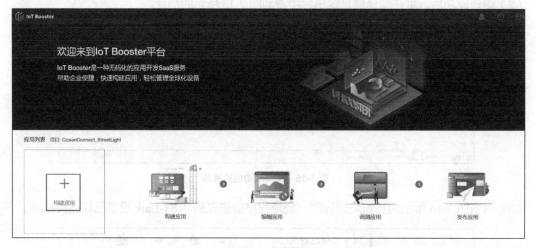

图 7-18　构建应用

（3）在应用构建界面中，填写应用信息，如图 7-19 所示。在应用资料下填写应用名称，这里以"Street_Light_APP"为例，构建方式为"自定义"，基础功能模块为"设备注册（必选）""设备列表""规则"，单击"创建"按钮创建应用。

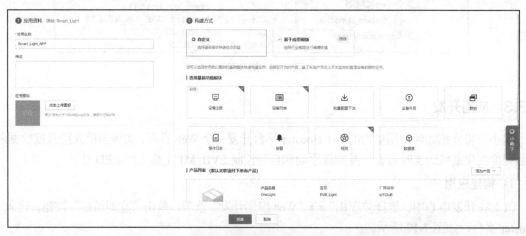

图 7-19　填写应用信息

2. 编辑应用

（1）将光标移至"自定义页面 1"上，在弹出的列表中选择"修改"选项，打开"修改"对话框，如图 7-20 所示。将菜单名称修改为"路灯管理"，其他保持默认，单击"确定"按钮保存设置。

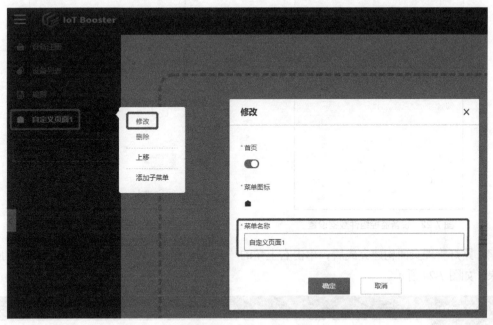

图 7-20　"修改"对话框

（2）进入"路灯管理"页面，设计页面组件布局，拖动一个"选择设备"组件、两个"监控"组件和一个"命令下发"组件至页面中。分别单击页面中的"监控"组件，在右侧"配置面板"→"样式"中设置组件的样式，如图 7-21 所示。将两个"监控"组件的标题分别改为"光强监控"和"光强变化"，将"光强变化"的显示类型改为"图表"，并按图 7-21 所示的布局进行摆放。

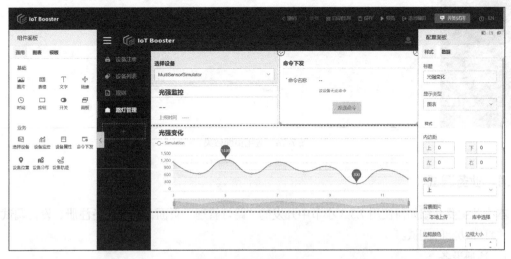

图 7-21　设计页面组件布局

（3）分别单击页面中的"设备监控"和"命令下发"组件，在右侧"配置面板"→"数据"中设置组件的数据源，因为两个"设备监控"组件都用于监控路灯的光强，只是显示方式不同，所以

"数据"页面参数设置一样，如图 7-22 所示。"命令下发"组件选择 LED 灯的控制命令，如图 7-23 所示，这里的产品均选择 5.2 节创建的产品。

图 7-22 设备监控组件数据设置

图 7-23 命令下发组件数据设置

（4）路灯管理页面构建完成后，单击右上角的"保存"按钮，单击"预览"按钮，查看应用页面效果，如图 7-24 所示。

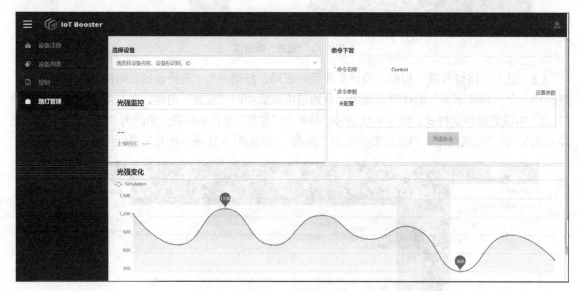

图 7-24 应用页面效果

7.3.4 业务调试

本小节主要介绍如何使用 7.3.3 小节中开发的"路灯管理"页面，实现设备注册、设备调试、自动开关灯等功能的测试。

1. 注册设备

（1）在应用开发中已构建应用的预览界面中，选择"设备注册"→"单个注册"选项，单击"创建"按钮，如图 7-25 所示。

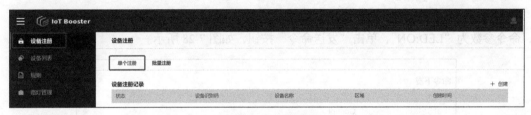

图 7-25 注册单个设备

（2）系统将打开"设备注册"对话框，填写设备相关信息，如图 7-26 所示。选择 5.2 节中已创建的产品，输入设备名称和设备识别码，设备识别码即模组的 IMEI，EVB_M1 主板模组的 IMEI 可以通过对模组发送 AT+CGSN=1 指令获取，也可以在 NB-IoT 模组上直接读出，填写完毕后单击"提交"按钮完成设备注册。

图 7-26 "设备注册"对话框

2. 调试设备

（1）将 EVB_M1 主板上电，在"路灯管理"页面中，可以查看光强监控和光强变化，如图 7-27 所示。

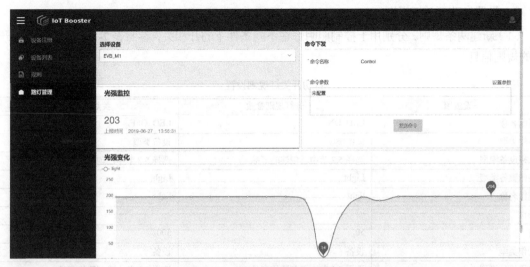

图 7-27 查看光强监控和光强变化

（2）选择"路灯管理"→"命令下发"选项，打开"命令下发"对话框，单击"设置参数"按钮，命令参数为"LED:ON"，单击"发送命令"按钮，如图 7-28 所示。

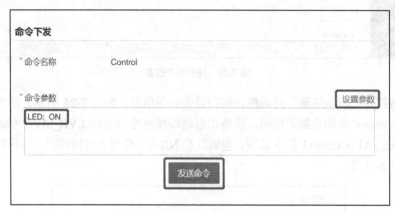

图 7-28　命令下发

（3）此时扩展板上的"Light"灯为打开状态，如图 7-29 所示，关灯命令与开灯命令操作步骤一样，不同之处是命令参数为"LED:OFF"。

图 7-29　"Light"灯为打开状态

3．设置自动开关灯规则

（1）新建两条规则，分别用于控制照明灯在不同条件下的开和关，参照表 7-1 中的参数填写开关灯的规则信息。

表 7-1　　　　　　　　　　　　　自动开关灯规则设置

设置项	开灯规则参数	关灯规则参数
规则名称	LED_ON	LED_OFF
条件类型	设备类型	设备类型
选择设备模型	选择 5.2 节中已创建的产品	选择 5.2 节中已创建的产品
条件服务类型	Light	Light
属性名称	light	light
操作	<	>
值	50	500
动作类型	设备	设备
选择设备模型	选择 5.2 节中已创建的产品	选择 5.2 节中已创建的产品

续表

设置项	开灯规则参数	关灯规则参数
选择设备	选择注册设备中新增的设备	选择注册设备中新增的设备
动作服务类型	Light	Light
命令名称	Control	Control
参数	LED	LED
值	ON	OFF
命令状态	启用	启用
描述	光强小于 50 时，照明灯开启	光强大于 500 时，照明灯关闭

（2）设置开灯规则的条件信息。在"条件"模块中，单击"设备行为"右侧的"添加"按钮，如图 7-30 所示。

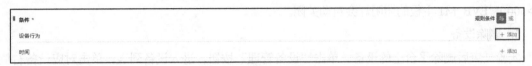

图 7-30　设置开灯规则的条件信息

（3）设置开灯规则的动作信息。在"动作"模块中，单击"设备行为"右侧的"添加"按钮，如图 7-31 所示。

图 7-31　设置开灯规则的动作信息

（4）开灯规则编辑完成后如图 7-32 所示，单击右上角的"提交"按钮，完成开灯规则的创建。关灯规则的创建步骤和开灯规则一样，只是规则名称、条件的取值和动作执行不同，具体操作步骤此处不再赘述。

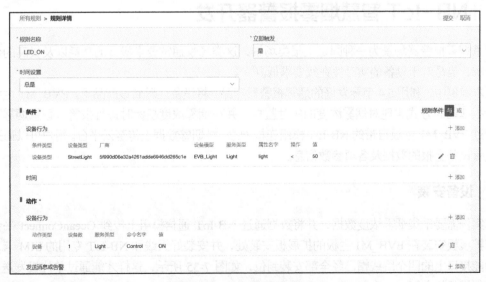

图 7-32　开灯规则编辑完成后

167

（5）规则创建完成后，可以在"规则 →所有规则"中管理已创建的规则，如图 7-33 所示。

图 7-33　管理已创建的规则

4. 测试自动开关灯

遮住扩展板上的光强传感器，使 EVB_M1 主板处于黑暗环境中（亮度<50），EVB_M1 主板的照明灯会自动打开；移除遮挡物，使用手电筒照射光强传感器，使 EVB_M1 主板处于明亮环境中（亮度>500），EVB_M1 主板的照明灯会自动关闭。

5. 删除设备

实验结束后删除平台上的设备，单击"设备管理"按钮，进入设备列表，单击对应设备右侧的"删除"按钮，如图 7-34 所示，将设备从平台上删除。

图 7-34　删除设备

7.4　NB-IoT 智慧烟雾报警器开发

智慧烟雾报警器场景为一种固定上报类场景，这类场景通常要求极低的功耗以及极高的数据传输成功率，但是对于设备的实时性在线要求低。

在本案例中，利用 5.4 节开发好的烟雾报警器产品，将设备注册到该产品下。EVB_M1 主板采用定时上报数据的方式实现对烟雾浓度的实时监控，并在烟雾浓度超标时进行报警。智慧烟雾报警器设备通过 EVB_M1 主板自带的 NB-IoT 模组连接网络，将烟感数据上传至云平台。用户可以通过 Web 界面查看设备上报的数据及各项参数信息。

7.4.1　设备安装

本案例需要采集烟雾浓度数据，并将数据通过 NB-IoT 通信模组上传到 OceanConnect 平台。先将烟感扩展板安装在 EVB_M1 主板的扩展板安装处，并安装好天线和 NB-IoT 专用的 SIM 卡，再确认多功能接口上的四个跳线帽已经全部安装到位，如图 7-35 所示，这样才能通过单片机发送 AT 指令实现与模组的交互。

图 7-35　烟雾报警器设备安装

7.4.2　设备开发

本节主要介绍如何使用 MDK5 在 EVB_M1 主板上编写智慧烟感的程序，以采集环境烟雾浓度数据和 NB-IoT 的信号质量，通过 NB-IoT 模组发送到 IoT 平台上，并能接收平台下发的命令，对扩展板上的蜂鸣器实现开关控制。

1．导入案例工程

（1）打开 MDK5 软件，选择"Project"→"Open Project"选项，导入"EVB_M1_资料\06 源代码及实验\EVB_M1_V3.1\02 综合实验\ EVB_M1_烟雾报警器"目录下的烟雾报警器的 LwM2M 协议工程，如图 7-36 所示。

名称	修改日期	类型	大小
los_startup_keil.s	2018/12/22 0:41	S 文件	4 KB
STM32L431RCTx-LiteOS.sct	2019/3/26 19:31	Windows Script ...	1 KB
STM32L431RxTx.uvoptx	2019/3/27 21:00	UVOPTX 文件	34 KB
STM32L431RxTx.uvprojx	2019/3/15 17:29	礦vision5 Project	28 KB

targets > STM32L431_EVB_M1_Smoke_LwM2M > MDK-ARM

图 7-36　导入工程

（2）导入后的工程如图 7-37 所示。

```
101
102   VOID main_task(VOID)
103  {
104
105       user_hw_init();                                                    //用户外设初始化
106  #if defined USE_NB_NEUL95
107      #define AT_DTLS 0
108  #if AT_DTLS
109       sec_param_s sec;
110       sec.pskid = "868744031131026";
111       sec.psk = "d1e1be0c05ac5b8c78ce196412f0cdb0";
112  #endif
113       printf("\r\n=========================================");
114       printf("\r\nSTEP1: Init NB Module( NB Init )");
115       printf("\r\n=========================================\r\n");
116  #if AT_DTLS
117       los_nb_init((const int8_t*)"49.4.85.232",(const int8_t*)"5684",&sec);
118  #else
119       los_nb_init((const int8_t*)"49.4.85.232",(const int8_t*)"5683",NULL);   //IP需要改成与自己平台对应的
120  #endif
121       printf("\r\n=========================================");
122       printf("\r\nSTEP2: Register Command( NB Notify )");
123       printf("\r\n=========================================");
124       los_nb_notify("+NNMI:",strlen("+NNMI:"),nb_cmd_data_ioctl,OC_cmd_match);
125       LOS_TaskDelay(3000);
126       printf("\r\n=========================================");
127       printf("\r\nSTEP3: Report Data to Server( NB Report )");
128       printf("\r\n=========================================\r\n");
129
130       nb_iot_entry();//     案例程序入口
```

图 7-37　导入后的工程

2. 关键代码解析

（1）主函数代码

打开 main.c 文件，定位到 main_task 任务，代码如下。在该任务中，AT_DTLS 的宏定义是 1，表示本案例将采用 DTLS 数据加密的方式进行传输，pskid 和 psk 参数将在平台上注册设备时获得，暂时不做修改，此处需要修改加密方式下的平台对接 IP 地址和端口。

```
1    VOID main_task(VOID)
2    {
3
4        user_hw_init();                                          //用户外设初始化
5    #if defined USE_NB_NEUL95
6        #define AT_DTLS 1
7    #if AT_DTLS
8        sec_param_s sec;
9        sec.pskid = "867725030091882";
10       sec.psk = "d1e1be0c05ac5b8c78ce196412f01010";
11   #endif
12       printf("\r\n=======================================================");
13       printf("\r\nSTEP1: Init NB Module( NB Init )");
14       printf("\r\n=======================================================\r\n");
15   #if AT_DTLS
16       los_nb_init((const int8_t*)"49.4.85.232",(const int8_t*)"5684",&sec);
                                                                  //加密方式
17   #else
18   los_nb_init((const int8_t*)"49.4.85.232",(const int8_t*)"5683",NULL);
19                                                                //非加密方式
20   #endif
21       printf("\r\n=======================================================");
22       printf("\r\nSTEP2: Register Command( NB Notify )");
23       printf("\r\n=======================================================\r\n");
24       los_nb_notify("+NNMI:",strlen("+NNMI:"),nb_cmd_data_ioctl,OC_cmd_match);
25       LOS_TaskDelay(3000);
26       printf("\r\n=======================================================");
27       printf("\r\nSTEP3: Report Data to Server( NB Report )");
28       printf("\r\n=======================================================\r\n");
29
30       nb_iot_entry();                                          //案例程序入口
31
32   #endif
33
34   }
```

（2）数据发送业务代码

打开 nb_iot_demo.c 文件，定位到 data_collection_task 任务，代码如下。本案例要上报设备的信号质量值和烟雾浓度数据。首先调用 nb_get_csq 函数读取设备当前环境的信号值，再通过 HAL_ADC_GetValue 函数读取传感器值，并将数据存入数据发送的结构体数组，供发送函数调用。

```
1    VOID data_collection_task(VOID)
2    {
3        UINT32 uwRet = LOS_OK;
4
5        short int Value;
6        MX_ADC1_Init();                                          //初始化传感器
7        while (1)
```

```
8         {
9
10            printf("This is data_collection_task !\r\n");
11
12            SMOKE_send.CSQ=nb_get_csq();                    //读取信号指令
13            printf("\r\n+++++++++++++++++++++CSQ is  %d\r\n",SMOKE_send.CSQ);
14
15            HAL_ADC_Start(&hadc1);
16            HAL_ADC_PollForConversion(&hadc1, 50);
17            Value = HAL_ADC_GetValue(&hadc1);               //读取烟雾浓度
18            printf("\r\n****************************MQ2 Value is  %d\r\n",Value);
19
20            sprintf(SMOKE_send.Value, "%4d", Value);
21
22            uwRet=LOS_TaskDelay(1000);
23            if(uwRet !=LOS_OK)
24            return;
25
26        }
27    }
28
```

打开 **nb_iot_demo.c** 文件，定位到 **data_report_task** 任务，代码如下。该任务的主要作用是实现终端向云平台的数据发送。在该任务中，可通过修改 **LOS_TaskDelay** 的参数修改终端上报数据的频率，该上报数据的频率也可以通过云平台应用端下发命令的方式进行设置，这样具备更好的灵活性。

```
1    VOID data_report_task(VOID)
2    {
3        UINT32 uwRet = LOS_OK;
4
5        while(1)
6        {
7
8            if(los_nb_report((const char*)(&SMOKE_send),sizeof(SMOKE_send))>=0)
9                                                                    //发送数据到平台
10                    printf("ocean_send_data OK!\n");
11            else
12              {
13                    printf("ocean_send_data Fail!\n");
14              }
15
16            uwRet=LOS_TaskDelay(Updateperiod);
17            if(uwRet !=LOS_OK)
18            return;
19
20        }
21    }
```

（3）传感器代码

本案例使用的烟雾传感器型号为 **MQ-2**，该传感器使用了二氧化锡半导体气敏材料，属于表面离子式 N 型半导体。当传感器与烟雾接触时，晶粒间界处的势垒受到烟雾的调制而发生变化，就会引起表面导电率的变化。利用 **MQ-2** 传感器这一特点就可以获得烟雾存在的信息，烟雾的浓度越大，导电率越大，传感器电阻值越低，MQ-2 传感器输出的模拟信号值就越大。因此，需要通过 MCU 的 ADC 采样接口对传感器模拟输出口直接采样。在本案例中，EVB_M1 主板采用通过 ADC 轮询的方式采集单通道的数据，ADC 初始化之后便可以直接调用 ADC 接口函数读取通道的 ADC 数据。ADC 初始化函数在 adc.c 文件中，代码如下。

```
1   /* ADC1 init function */
2   void MX_ADC1_Init(void)
3   {
4     ADC_ChannelConfTypeDef sConfig;
5
6       /**Common config
7       */
8     hadc1.Instance = ADC1;
9     hadc1.Init.ClockPrescaler = ADC_CLOCK_ASYNC_DIV1;
10    hadc1.Init.Resolution = ADC_RESOLUTION_12B;
11    hadc1.Init.DataAlign = ADC_DATAALIGN_RIGHT;
12    hadc1.Init.ScanConvMode = ADC_SCAN_DISABLE;
13    hadc1.Init.EOCSelection = ADC_EOC_SINGLE_CONV;
14    hadc1.Init.LowPowerAutoWait = DISABLE;
15    hadc1.Init.ContinuousConvMode = DISABLE;
16    hadc1.Init.NbrOfConversion = 1;
17    hadc1.Init.DiscontinuousConvMode = DISABLE;
18    hadc1.Init.NbrOfDiscConversion = 1;
19    hadc1.Init.ExternalTrigConv = ADC_SOFTWARE_START;
20    hadc1.Init.ExternalTrigConvEdge = ADC_EXTERNALTRIGCONVEDGE_NONE;
21    hadc1.Init.DMAContinuousRequests = DISABLE;
22    hadc1.Init.Overrun = ADC_OVR_DATA_PRESERVED;
23    hadc1.Init.OversamplingMode = DISABLE;
24    if (HAL_ADC_Init(&hadc1) != HAL_OK)
25    {
26      _Error_Handler(__FILE__, __LINE__);
27    }
28
29      /**Configure Regular Channel
30      */
31    sConfig.Channel = ADC_CHANNEL_12;
32    sConfig.Rank = ADC_REGULAR_RANK_1;
33    sConfig.SamplingTime = ADC_SAMPLETIME_2CYCLES_5;
34    sConfig.SingleDiff = ADC_SINGLE_ENDED;
35    sConfig.OffsetNumber = ADC_OFFSET_NONE;
36    sConfig.Offset = 0;
37    if (HAL_ADC_ConfigChannel(&hadc1, &sConfig) != HAL_OK)
38    {
39      _Error_Handler(__FILE__, __LINE__);
40    }
41  }
```

在 stm32xx_hal_adc.h 头文件中可以找到 ADC 操作函数，代码如下。ADC 可以通过三种方式进行控制，本案例调用 HAL_ADC_PollForConversion 函数，采用 ADC 轮询的方式，并调用 HAL_ADC_GetValue 函数获取 ADC 值。

```
1   /* IO operation functions  *****************************************************/
2
3   /* Blocking mode: Polling */
4   HAL_StatusTypeDef      HAL_ADC_Start(ADC_HandleTypeDef* hadc);
5   HAL_StatusTypeDef      HAL_ADC_Stop(ADC_HandleTypeDef* hadc);
```

```
6    HAL_StatusTypeDef        HAL_ADC_PollForConversion(ADC_HandleTypeDef* hadc, uint32_t
7    Timeout);
8    HAL_StatusTypeDef        HAL_ADC_PollForEvent(ADC_HandleTypeDef* hadc, uint32_t
9    EventType, uint32_t Timeout);
10
11   /* Non-blocking mode: Interruption */
12   HAL_StatusTypeDef        HAL_ADC_Start_IT(ADC_HandleTypeDef* hadc);
13   HAL_StatusTypeDef        HAL_ADC_Stop_IT(ADC_HandleTypeDef* hadc);
14
15   /* Non-blocking mode: DMA */
16   HAL_StatusTypeDef        HAL_ADC_Start_DMA(ADC_HandleTypeDef* hadc, uint32_t* pData,
17   uint32_t Length);
18   HAL_StatusTypeDef        HAL_ADC_Stop_DMA(ADC_HandleTypeDef* hadc);
19
20   /* ADC retrieve conversion value intended to be used with polling or interruption */
21   uint32_t                 HAL_ADC_GetValue(ADC_HandleTypeDef* hadc);
22
23   /* ADC IRQHandler and Callbacks used in non-blocking modes (Interruption and DMA) */
24   void                     HAL_ADC_IRQHandler(ADC_HandleTypeDef* hadc);
25   void                     HAL_ADC_ConvCpltCallback(ADC_HandleTypeDef* hadc);
26   void                     HAL_ADC_ConvHalfCpltCallback(ADC_HandleTypeDef* hadc);
27   void                     HAL_ADC_LevelOutOfWindowCallback(ADC_HandleTypeDef* hadc);
28   void                     HAL_ADC_ErrorCallback(ADC_HandleTypeDef *hadc);
29
30
```

（4）NB-IoT 模组驱动代码

① int32_t nb_send_payload(const char* buf, int len)：本案例采用 LwM2M 协议进行数据传输，此函数将会调用 bc95.c 文件中的 nb_lwm2m_send 函数向平台发送数据，代码如下。

```
1    int32_t nb_send_payload(const char* buf, int len)
2    {
3    #ifdef USE_LWM2M
4        return nb_lwm2m_send(buf, len,0);
5    #else
6        return nb_coap_send(buf, len);
7    #endif
8    }
```

选择 MDK 软件的"C/C++"选项卡，可见"Define"中定义了 USE_LWM2M，如图 7-38 所示，这样在 nb_send_payload 函数执行时才会只调用 nb_lwm2m_send 函数，若想切换为 CoAP 模式，则只需将该宏定义删除即可。

② int32_t nb_lwm2m_send(const char* buf, int len,char mode)：该函数位于 bc95.c 文件中，功能是通过 LwM2M 协议向 OceanConnect 平台发送数据，代码如下。函数的入口参数有三个，第一个参数为以字符串形式表示的所要发送的数据，第二个参数为所要发送数据的字节数，第三个参数为发送模式。发送模式分为两种，当设置为 1 时，模组发送完数据后立即释放 RRC 连接，即跳过 20s 的 Connect 状态而立即进入 eDRX 或 PSM 状态；当设置为 0 时不会立即释放 RRC 连接。

```
1    int32_t nb_lwm2m_send(const char* buf, int len,char mode)
2    {
3        char *cmd1 = "AT+QLWULDATAEX=";
4        int ret;
5        char* str = NULL;
6        int status = 0;
7        int rbuflen;
```

```
8          if(buf == NULL || len > AT_MAX_PAYLOADLEN)
9          {
10             AT_LOG("payload too long");
11             return -1;
12         }
13         memset(tmpbuf, 0, AT_DATA_LEN);
14         memset(wbuf, 0, AT_DATA_LEN);
15         str_to_hex(buf, len, tmpbuf);
16         memset(rbuf, 0, AT_DATA_LEN);
17
18         if(mode)
19         snprintf(wbuf,AT_DATA_LEN,"%s%d,%s,0x0101%c",cmd1,(int)len,tmpbuf,'\r');
20         else
21         snprintf(wbuf,AT_DATA_LEN,"%s%d,%s,0x0100%c",cmd1,(int)len,tmpbuf,'\r');
22
23         ret = at.cmd((int8_t*)wbuf, strlen(wbuf), "OK", rbuf,&rbuflen);
24         if(ret < 0)
25             return -1;
26         str = strstr(rbuf,"+QLWULDATASTATUS:");
27         if(str == NULL)
28             return -1;
29         sscanf(str,"+QLWULDATASTATUS:%d",&status);
30         if(status != 4)
31             return -1;
32
33         return ret;
34     }
```

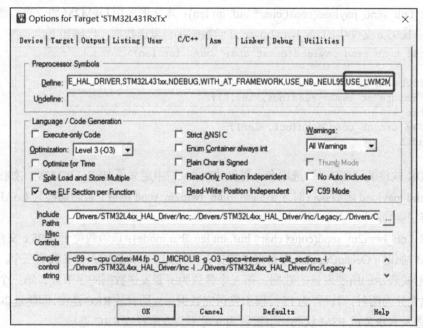

图 7-38　USE_LWM2M 宏定义

③ int32_t nb_get_csq(void)：该函数位于 bc95.c 文件中，功能是查询模组当前环境的信号质量，代码如下。

```
1    int32_t nb_get_csq(void)
2    {
```

```
3       char *cmd = "AT+CSQ\r";
4       int ret;
5       char* str = NULL;
6       int csq = 0;
7       int rbuflen;
8       memset(rbuf, 0, AT_DATA_LEN);
9       ret = at.cmd((int8_t*)cmd, strlen(cmd), "+CSQ:", rbuf,&rbuflen);
10      if(ret < 0)
11          return -1;
12      str = strstr(rbuf,"+CSQ:");
13      if(str == NULL)
14          return -1;
15      sscanf(str,"+CSQ:%d,99",&csq);
16      return csq;
17  }
```

3. 修改对接参数

打开工程 User 目录下的 main.c 文件，在 main_task 任务下可以看到 los_nb_init 函数中需要设置平台 IP 地址和端口号，代码如下。本案例使用加密方式进行传输，所以需修改第 16 行代码（加密方式下）中的平台 IP 地址和端口号。

```
1   VOID main_task(VOID)
2   {
3
4       user_hw_init();                                              //用户外设初始化
5   #if defined USE_NB_NEUL95
6       #define AT_DTLS 0
7   #if AT_DTLS
8       sec_param_s sec;
9       sec.pskid = "867725030091882";
10      sec.psk = "d1e1be0c05ac5b8c78ce196412f01010";
11  #endif
12      printf("\r\n=======================================================");
13      printf("\r\nSTEP1: Init NB Module( NB Init )");
14      printf("\r\n=======================================================\r\n");
15  #if AT_DTLS
16      los_nb_init((const int8_t*)"49.4.85.232",(const int8_t*)"5684",&sec);
17                                                                  //加密方式
18  #else
19      los_nb_init((const int8_t*)"49.4.85.232",(const int8_t*)"5683",NULL);
20                                                                  //非加密方式
21  #endif
22      printf("\r\n=======================================================");
23      printf("\r\nSTEP2: Register Command( NB Notify )");
24      printf("\r\n=======================================================\r\n");
25      los_nb_notify("+NNMI:",strlen("+NNMI:"),nb_cmd_data_ioctl,OC_cmd_match);
26      LOS_TaskDelay(3000);
27      printf("\r\n=======================================================");
28      printf("\r\nSTEP3: Report Data to Server( NB Report )");
29      printf("\r\n=======================================================\r\n");
30
31      nb_iot_entry();                                             //案例程序入口
32
33  #endif
34  }
```

4. 工程编译烧录

（1）单击 MDK 工具栏中的编译按钮编译程序，如图 7-39 所示。

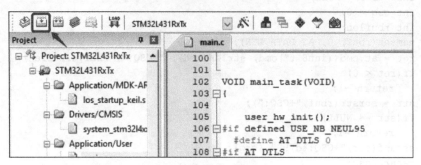

图 7-39 编译程序

（2）编译成功后，可在编译信息输出栏中看到图 7-40 所示的消息。

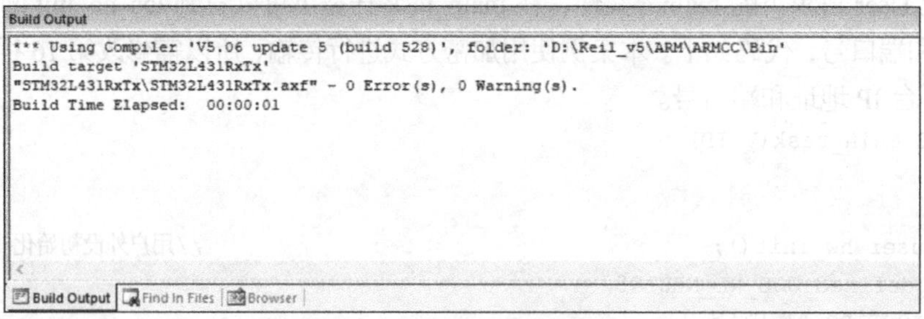

```
Build Output
*** Using Compiler 'V5.06 update 5 (build 528)', folder: 'D:\Keil_v5\ARM\ARMCC\Bin'
Build target 'STM32L431RxTx'
"STM32L431RxTx\STM32L431RxTx.axf" - 0 Error(s), 0 Warning(s).
Build Time Elapsed: 00:00:01
```

图 7-40 编译成功后的消息

（3）单击图 7-41 所示的按钮烧录程序，烧录程序前应先应认 ST-Link 设备已经连接成功。

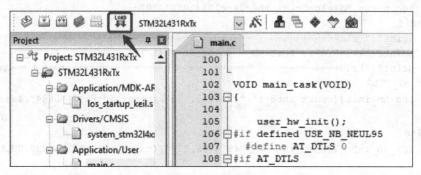

图 7-41 烧录程序

7.4.3 应用开发

本小节将介绍使用华为的 IoT Booster 平台开发一个 Web 界面，实现当前烟雾浓度数据和 EVB_M1 主板所处环境的 NB-IoT 信号质量的实时查看，并能设置 EVB_M1 主板数据上报的周期频率以及手动和自动控制 EVB_M1 主板上的蜂鸣器。

1. 构建应用

（1）在开发中心中，选择"应用"→"Web 应用开发"选项，单击"立即前往"按钮，进入 IoT Booster 平台，如图 7-42 所示。

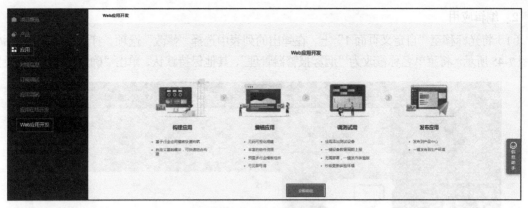

图 7-42 进入 IoT Booster 平台

（2）在 IoT Booster 平台首页中，单击"构建应用"按钮，如图 7-43 所示，进入应用构建界面。

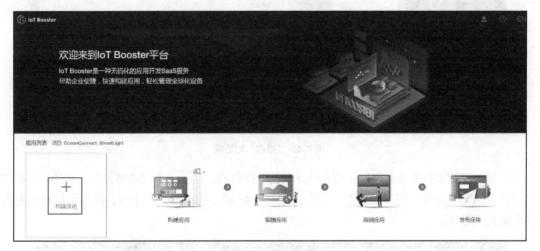

图 7-43 构建应用

（3）在应用构建界面中，填写应用信息，如图 7-44 所示。在应用资料下填写应用名称，这里以"Smoke_Alarm_APP"为例，构建方式为"自定义"，基础功能模块为"设备注册（必选）""设备列表""规则"，单击"创建"按钮，创建应用。

图 7-44 填写应用信息

2. 编辑应用

（1）将光标移至"自定义页面 1"上，在弹出的列表中选择"修改"选项，打开"修改"对话框，如图 7-45 所示。将菜单名称修改为"烟雾报警器管理"，其他保持默认，单击"确定"按钮保存设置。

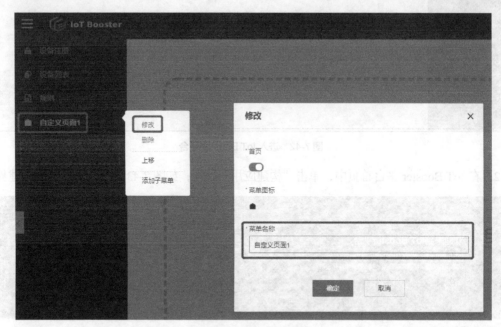

图 7-45　"修改"对话框

（2）进入"烟雾报警器管理"页面，设计页面组件布局，拖动一个"选择设备"组件、三个"监控"组件和两个"命令下发"组件至页面中，按图 7-46 所示的布局进行摆放，并设置好对应的名称及匹配对应的数据。

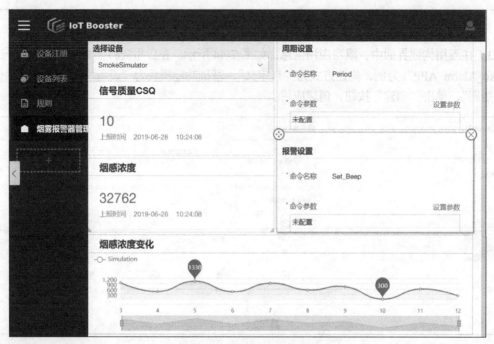

图 7-46　设计页面组件布局

（3）烟雾报警器管理页面构建完成，单击右上角的"保存"按钮，单击"预览"按钮，查看应用页面效果，如图 7-47 所示。

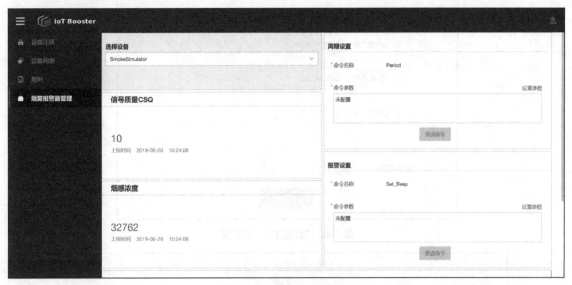

图 7-47　查看应用页面效果

7.4.4　业务调试

本小节主要介绍在 Web 应用上注册一个烟雾报警器设备，查看烟雾报警器上报的烟雾浓度数据且调整烟雾报警器上报数据的频率，并设置烟雾报警器的报警阈值，实现烟雾报警器的自动报警功能。

1．注册设备

（1）在应用开发中已构建应用的预览界面中，选择"设备注册"→"单个注册"选项，单击"创建"按钮，如图 7-48 所示。

图 7-48　注册单个设备

（2）系统将打开"设备注册"对话框，填写设备相关信息，如图 7-49 所示。选择 5.4 节中已创建的产品，输入设备名称和设备识别码，设备识别码即模组的 IMEI，EVB_M1 主板模组的 IMEI 可以通过对模组发送 AT+CGSN=1 指令获取，也可以在 NB-IoT 模组上直接读出，单击"提交"按钮，完成设备的注册。

（3）设备注册成功后平台会自动生成 PSK 码，如图 7-50 所示，PSK 码用于设备通过 DTLS 加密协议连接平台，本案例将会使用 DTLS 加密协议连接平台，所以需要保存 PSK。

（4）打开 main.c 文件，定位到 main_task 任务，修改设备标识码和 PSK，如图 7-51 所示。修改完毕后重新编译代码并烧录到单片机中。

图 7-49 "设备注册"对话框

图 7-50 平台自动生成 PSK 码

图 7-51 修改设备标识码和 PSK

2.　调试设备

（1）将 EVB_M1 主板上电，在"烟雾报警器管理"页面中，可以查看 EVB_M1 主板上报的信号质量以及烟雾浓度当前值和烟雾浓度的变化，如图 7-52 所示。

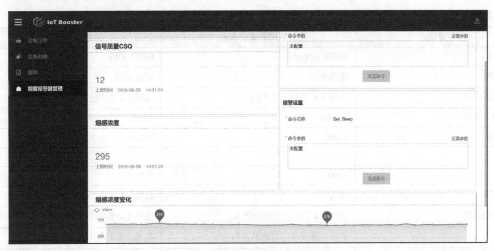

图 7-52　查看数据

（2）选择"烟雾报警器管理"→"周期设置"选项，单击"设置参数"按钮，将命令参数设置为"Time:3000"，单击"发送命令"按钮，如图 7-53 所示，发送此命令能设置 EVB_M1 主板上报数据的周期。

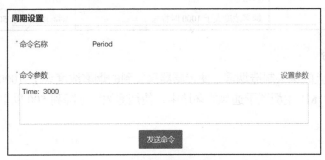

图 7-53　周期设置

（3）选择"烟雾报警器管理"→"报警设置"选项，单击"设置参数"按钮，将命令参数设置为，"Beep:ON"，单击"发送命令"按钮，如图 7-54 所示，发送此命令能使烟感扩展板上的蜂鸣器发出响声。

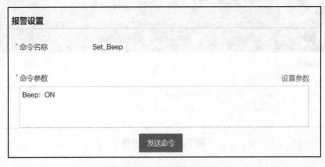

图 7-54　报警设置

3. 设置自动报警规则

新建两条规则，分别用于控制蜂鸣器在不同条件下的开和关，参照表 7-2 中的参数填写蜂鸣器开关的规则信息。

表 7-2　　　　　　　　　　　　　自动开关报警规则设置

设置项	开蜂鸣器规则参数	关蜂鸣器规则参数
规则名称	BEEP_ON	BEEP_OFF
条件类型	设备类型	设备类型
选择设备模型	选择 5.4 节中已创建的产品	选择 5.4 节中已创建的产品
条件服务类型	Smoke	Smoke
属性名称	Value	Value
操作	>	<
值	1000	500
动作类型	设备	设备
选择设备模型	选择 5.4 节中已创建的产品	选择 5.4 节中已创建的产品
选择设备	选择注册设备中新增的设备	选择注册设备中新增的设备
动作服务类型	Smoke	Smoke
命令名称	Set_Beep	Set_Beep
参数	Beep	Beep
值	ON	OFF
命令状态	启用	启用
描述	烟雾浓度大于 1000 时报警	烟雾浓度小于 500 时关闭报警

4. 测试自动报警

对着烟感扩展板上的探头制造烟雾，使传感器采集到的烟雾浓度大于 1000，扩展板的蜂鸣器会自动报警。再将 EVB_M1 主板置于通风的环境中，使烟雾浓度下降到 500 以下，扩展板的蜂鸣器会自动关闭报警。

5. 删除设备

实验结束后删除平台上的设备，单击"设备管理"按钮，进入设备列表，单击对应设备右侧的"删除"按钮，如图 7-55 所示，将设备从平台上删除。

图 7-55　删除设备

7.5 NB-IoT 智慧物流跟踪开发

智慧物流跟踪场景为典型的移动上报类场景，这类场景下物流设备通常要长时间待机，遇到问题能够准确回传数据，对服务器的指令下发没有太高要求。因此，智慧物流跟踪场景要求极低的功耗以及较高的数据传输成功率，但对数据实时性要求较低，相对上报数据而言具备极少的数据下发量，甚至不需要下发数据。

在本案例中，为了能够展示数据下发和数据上报的双向过程，采用应用端下发指令查询终端经纬度信息的方式来触发模组上报经纬度数据。在这个过程中，要求模组处于 eDRX 模式，这样才能让终端更快地接收到应用端下发的指令，而且比一直保持连接状态的终端具备更低功耗。上发数据过程中，实验采用 LwM2M 协议的 DTLS 加密模式，保障数据的安全。本案例还使用了 NB-IoT 的 RAI 功能，促使模组发送完成数据之后立即释放 RRC 连接，进而降低功耗。

7.5.1 设备安装

本案例需要采集 GPS 数据，并将数据通过 NB-IoT 通信模组上传到 OceanConnect 平台。先将 GPS 扩展板安装在 EVB_M1 主板上，再安装好天线和 NB-IoT 专用的 SIM 卡，确认多功能接口上的四个跳线帽已全部安装到位，如图 7-56 所示。

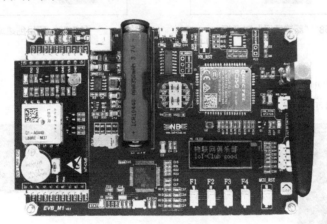

图 7-56 GPS 定位器设备安装

7.5.2 平台开发

本案例由于没有提前在云端创建产品，因此需要在 OceanConnect 平台上新建智慧物流跟踪对应的项目，让智慧物流终端有可以对接的云平台应用。

1. 创建项目

（1）登录开发中心，在开发中心首页中，单击"新建项目"按钮，创建一个项目，如图 7-57 所示。

（2）打开"新建项目"对话框，填写"项目名称""所属行业""描述"等项目信息后，单击"确定"按钮，创建项目，如图 7-58 所示。项目创建成功后，系统会返回"应用 ID"和"应用密钥"，如图 7-59 所示，在应用对接物联网平台时需要使用这两个参数。单击"下载密钥"按钮，将密钥保存于本地，再单击"进入项目"按钮，进入 GPS_Track 项目。

图 7-57　新建项目

图 7-58　"新建项目"对话框

图 7-59　项目创建成功

2. 产品开发

（1）选择新建的项目，进入项目空间后，选择"产品开发"选项，单击"新建产品"按钮，新建产品，如图 7-60 所示。

图 7-60　新建产品

（2）进入新建产品界面，选择"自定义产品"选项卡，并单击"自定义产品"按钮进行产品的开发，如图 7-61 所示。

（3）在"设置产品信息"窗口中，填写表 7-3 中的参数，完成各参数的配置后，单击"创建"按钮。

（4）进入新建的 GPS 产品，选择"Profile 定义"选项，根据表 7-4 所示的参数定义 Profile。Profile 开发的基本操作请参考 5.2 节。

图 7-61　创建自定义产品

表 7-3　　　　　　　　　　　　　　　　　GPS 产品信息

配置项	参数值
产品名称	GPS
型号	GPS001（需要唯一性）
厂商 ID	在厂商信息完成配置后（详见厂商），系统自动生成
所属行业	智慧物流
设备类型	Other（Track）
接入应用层协议类型	LwM2M
数据格式	二进制码流

表 7-4　　　　　　　　　　　　　　　　　GPS Profile 定义

项目类型	参数设置
服务名称	Location
属性 1	名称：Longitude 数据类型：decimal 最小值：0 最大值：180 步长：留空 单位：E 访问模式：RWE 是否必选：是
属性 2	名称：Latitude 数据类型：decimal 最小值：0 最大值：180 步长：留空 单位：N 访问模式：RWE 是否必选：是
命令 1	命令名称：Beep 字段名称：Switch 数据类型：string 长度：3 枚举值：ON,OFF 是否必选：是
命令 2	命令名称：GPS 字段名称：Request 数据类型：string 长度：5 枚举值：Track,Stop 是否必选：是

（5）选择"编解码插件开发"选项，根据定义的 Profile 进行插件开发和部署。插件开发的基本操作同样参考 5.2 节。根据表 7-5 所示的参数创建 GPS 定位数据上报消息。

表 7-5   **GPS 定位数据插件**

项目类型	参数设置
消息名	Location
消息描述	留空
消息类型	数据上报
响应字段	无须响应字段
数据上报字段 1	名称：messageId 数据类型：int8u 长度：1 默认值：0x0 偏移值：0~1
数据上报字段 2	名称：Longitude 数据类型：string 长度：9 默认值：留空 偏移值：1~10
数据上报字段 3	名称：Latitude 数据类型：string 长度：8 默认值：留空 偏移值：10~18

根据表 7-6 所示的参数创建 GPS 报警器命令下发消息，并添加响应字段。

表 7-6   **GPS 报警器命令下发插件**

项目类型	参数设置
消息名	Beep
消息描述	留空
消息类型	命令下发
响应字段	添加响应字段
命令下发字段 1	名称：messageId 数据类型：int8u 长度：1 默认值：0x1 偏移值：0~1
命令下发字段 2	名称：mid 数据类型：int16u 长度：2 默认值：留空 偏移值：1~3
命令下发字段 3	名称：SW 数据类型：string 长度：3 默认值：留空 偏移值：3~6

续表

项目类型	参数设置
响应字段 1	名称：messageId 数据类型：int8u 长度：1 默认值：0x2 偏移值：0~1
响应字段 2	名称：mid 数据类型：int16u 长度：2 默认值：留空 偏移值：1~3
响应字段 3	名称：errcode 数据类型：int8u 长度：1 默认值：留空 偏移值：3~4

根据表 7-7 所示的参数创建 GPS 开启定位命令下发消息，并添加响应字段。

表 7-7　　　　　　　　　　　　　　GPS 开启定位命令下发插件

项目类型	参数设置
消息名	Request
消息描述	留空
消息类型	命令下发
响应字段	添加响应字段
命令下发字段 1	名称：messageId 数据类型：int8u 长度：1 默认值：0x3 偏移值：0~1
命令下发字段 2	名称：mid 数据类型：int16u 长度：2 默认值：留空 偏移值：1~3
命令下发字段 3	名称：GPS 数据类型：string 长度：5 默认值：留空 偏移值：3~8
响应字段 1	名称：messageId 数据类型：int8u 长度：1 默认值：0x4 偏移值：0~1
响应字段 2	名称：mid 数据类型：int16u 长度：2 默认值：留空 偏移值：1~3

续表

项目类型	参数设置
响应字段 3	名称：errcode 数据类型：int8u 长度：1 默认值：留空 偏移值：3~4

（6）插件开发完成后将 Profile 与插件对应映射起来，如图 7-62 所示，并部署插件。

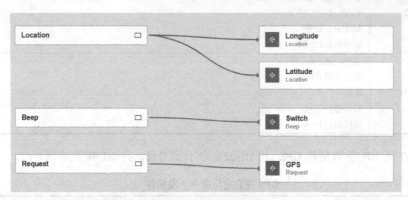

图 7-62　Profile 与插件的映射

7.5.3　设备开发

本小节主要介绍如何使用 MDK5 在 EVB_M1 主板上编写智慧物流跟踪的程序，以采集设备的定位数据，通过 NB-IoT 模组发送到 IoT 平台上，并能接收平台下发的命令，实现对 EVB_M1 主板是否开启定位功能的控制。

1. 导入案例工程

（1）打开 MDK5 软件，选择"Project"→"Open Project"选项，导入"EVB_M1_资料\06 源代码及实验\EVB_M1_V3.1\02 综合实验\ EVB_M1_GPS 定位"目录下的 GPS 定位的 LwM2M 协议工程，如图 7-63 所示。

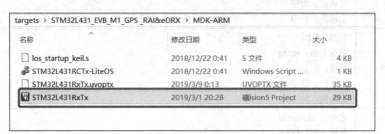

图 7-63　导入工程

（2）导入后的工程如图 7-64 所示。

2. 关键代码解析

（1）主函数代码

打开 main.c 文件，定位到 main_task 任务，代码如下，在该任务中，AT_DTLS 的宏定义是 1，表示本案例将采用 DTLS 数据加密的方式进行传输，pskid 和 psk 参数将在平台上注册设备时获取，暂时不做修改，此处需要修改加密方式下的平台对接 IP 地址和端口。

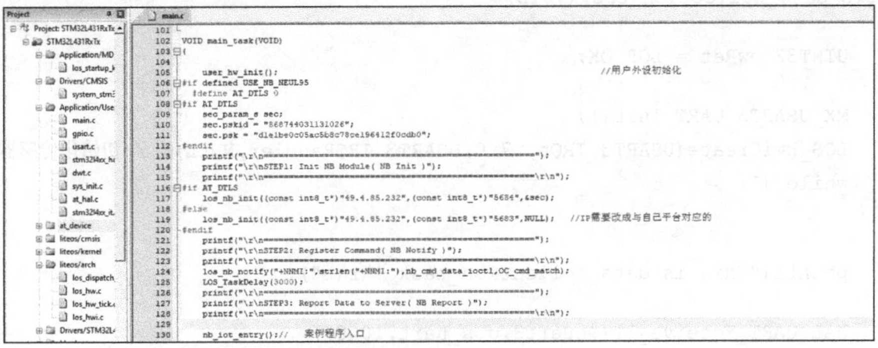

图 7-64　导入后的工程

```
1    VOID main_task(VOID)
2    {
3
4        user_hw_init();                                              //用户外设初始化
5    #if defined USE_NB_NEUL95
6        #define AT_DTLS 1
7    #if AT_DTLS
8        sec_param_s sec;
9        sec.pskid = "867725030091882";
10       sec.psk = "bc96911e0808020f97400f95fcb46ce8";
11   #endif
12       printf("\r\n=====================================================");
13       printf("\r\nSTEP1: Init NB Module( NB Init )");
14       printf("\r\n=====================================================\r\n");
15   #if AT_DTLS
16       los_nb_init((const int8_t*)"49.4.85.232",(const int8_t*)"5684",&sec);
                                                                          //加密方式
17   #else
18       los_nb_init((const int8_t*)"49.4.85.232",(const int8_t*)"5683",NULL);
19                                                                        //非加密方式
20   #endif
21       printf("\r\n=====================================================");
22       printf("\r\nSTEP2: Register Command( NB Notify )");
23       printf("\r\n=====================================================\r\n");
24       los_nb_notify("+NNMI:",strlen("+NNMI:"),nb_cmd_data_ioctl,OC_cmd_match);
25       LOS_TaskDelay(3000);
26       printf("\r\n=====================================================");
27       printf("\r\nSTEP3: Report Data to Server( NB Report )");
28       printf("\r\n=====================================================\r\n");
29
30       nb_iot_entry();                                              //案例程序入口
31
32   #endif
33
34   }
```

（2）数据发送业务代码

打开 nb_iot_demo.c 文件，定位到 data_collection_task 任务，代码如下。本案例要上报设备的 GPS 定位数据，GPS 定位模组通过串口输出定位数据，模组的串口与单片机的串口 3 相连，所以此处需要初始化串口 3 并创建中断。该任务以中断的方式读取并分析串口 3 的数据，得到经纬度数据。

```
1    VOID data_collection_task(VOID)
2    {
3        UINT32 uwRet = LOS_OK;
4
5        MX_USART3_UART_Init();
6        LOS_HwiCreate(USART3_IRQn, 7,0,USART3_IRQHandler,NULL); //初始化传感器
7        while (1)
8        {
9
10           printf("This is data_collection_task !\r\n");
11
12           HAL_UART_Receive_IT(&huart3,gps_uart,1000);
13           NMEA_BDS_GPRMC_Analysis(&gpsmsg,(uint8_t*)gps_uart);    //分析字符串
14           Longitude=(float)((float)gpsmsg.longitude_bd/100000);
15           printf("Longitude:%.5f %1c   \r\n",Longitude,gpsmsg.ewhemi_bd);
16           Latitude=(float)((float)gpsmsg.latitude_bd/100000);
17           printf("Latitude:%.5f %1c  \r\n",Latitude,gpsmsg.nshemi_bd);
18
19           uwRet=LOS_TaskDelay(1000);
20           if(uwRet !=LOS_OK)
21           return;
22
23       }
24   }
```

打开 nb_iot_demo.c 文件，定位到 data_report_task 任务，代码如下，该任务的作用是实现终端向云平台的数据发送。本案例将会用到 eDRX 技术，所以在该任务中需要设置 PTW 和 eDRX 周期。为了防止终端上报经纬度为 0 的数据进而导致在地图上出现误定位的情况，该任务中设计了当经纬度数据不为 0 时才上报数据，且上报完数据后立即关闭扩展板上 GPS 模组的电源，起到降低功耗的作用。

```
1    VOID data_report_task(VOID)
2    {
3        UINT32 uwRet = LOS_OK;
4        nb_set_eDRX("0111","0010");                    //设置 PTW 和 eDRX 周期
5        while(1)
6        {
7
8            if(Latitude!=0&&Longitude!=0)
9            {
10               memset(GPS_send.Latitude, 0, 8);
11               memset(GPS_send.Longitude, 0, 9);
12               sprintf(GPS_send.Latitude, "%.5f", Latitude);
13               sprintf(GPS_send.Longitude, "%.5f", Longitude);
14               if(los_nb_report((const char*)(&GPS_send),sizeof(GPS_send))>=0)
15                                                //发送数据到平台
16               {
17                   printf("ocean_send_data OK!\n");
18                   HAL_GPIO_WritePin(GPS_EN_GPIO_Port,GPS_EN_Pin,GPIO_PIN_SET);
19                                                //输出高电平
20               }
21               else
```

```
22              printf("ocean_send_data Fail!\n");
23          gpsmsg.longitude_bd=0;
24          gpsmsg.latitude_bd=0;
25        }
26        uwRet=LOS_TaskDelay(1000);
27        if(uwRet !=LOS_OK)
28        return;
29     }
30 }
```

（3）命令接收处理代码

打开 nb_iot_cmd_ioctl.c 文件，定位到 nb_cmd_data_ioctl 函数，代码如下。该函数为命令下发的回调处理函数，通过分析平台的下发指令来控制蜂鸣器的开与关以及使能 GPS 模组。

```
1   int32_t nb_cmd_data_ioctl(void* arg, int8_t * buf, int32_t len)
2   {
3      int readlen = 0;
4      char tmpbuf[1064] = {0};
5      if (NULL == buf || len <= 0)
6      {
7        AT_LOG("param invailed!");
8        return -1;
9      }
10     sscanf((char *)buf,"\r\n+NNMI:%d,%s\r\n",&readlen,tmpbuf);
11     memset(bc95_net_data.net_nmgr, 0, 30);
12     if (readlen > 0)
13     {
14       HexStrToStr((const unsigned char *)tmpbuf, (unsigned char *)
15         bc95_net_data.net_nmgr,readlen*2);
16     }
17     AT_LOG("cmd is:%s\n",bc95_net_data.net_nmgr);
18
19     if(strcmp(bc95_net_data.net_nmgr,"ON")==0) //开蜂鸣器
20     {
21       HAL_GPIO_WritePin(Beep_GPIO_Port,Beep_Pin,GPIO_PIN_SET);        // 输出高电平
22     }
23     if(strcmp(bc95_net_data.net_nmgr,"OFF")==0) //关蜂鸣器
24     {
25       HAL_GPIO_WritePin(Beep_GPIO_Port,Beep_Pin,GPIO_PIN_RESET);       // 输出低电平
26     }
27     if(strcmp(bc95_net_data.net_nmgr,"GET")==0) //获取定位数据
28     {
29       HAL_GPIO_WritePin(GPS_EN_GPIO_Port,GPS_EN_Pin,GPIO_PIN_RESET); // 输出高电平
30     }
31
32 /*******************************END*******************************************/
33     return 0;
34 }
```

（4）传感器驱动代码

打开 gps.c 文件，定位到 NMEA_BDS_GPRMC_Analysis 函数，代码如下。该函数用于解析 GPS 模组串口输出的数据，得到经纬度数据。

```
1   /***********************************************\
2   *函数功能: 解析 GPRMC 信息
3   *输入值: gpsx 及 NMEA 信息结构体
```

```
4        *buf: 接收到的 GPS 数据缓冲区首地址
5        \*******************************************************/
6        void NMEA_BDS_GPRMC_Analysis(gps_msg *gpsmsg,uint8_t *buf)
7        {
8            uint8_t *p4,dx;
9            uint8_t posx;
10           uint32_t temp;
11           float rs;
12           p4=(uint8_t*)strstr((const char *)buf,"$GPRMC");/*"$GPRMC",经常有&GPRM分开的情
13                                                              况,故只判断 PRMC*/
14           posx=NMEA_Comma_Pos(p4,3);                        //得到纬度
15           if(posx!=0XFF)
16           {
17               temp=NMEA_Str2num(p4+posx,&dx);
18               gpsmsg->latitude_bd=temp/NMEA_Pow(10,dx+2); //得到°
19               rs=temp%NMEA_Pow(10,dx+2);                    //得到'
20               gpsmsg->latitude_bd=gpsmsg->latitude_bd*NMEA_Pow(10,5)+(rs*NMEA_
21               Pow(10,5-dx))/60;//转换为°
22           }
23           posx=NMEA_Comma_Pos(p4,4);                        //南纬还是北纬
24           if(posx!=0XFF) gpsmsg->nshemi_bd=*(p4+posx);
25           posx=NMEA_Comma_Pos(p4,5);                        //得到经度
26           if(posx!=0XFF)
27           {
28               temp=NMEA_Str2num(p4+posx,&dx);
29               gpsmsg->longitude_bd=temp/NMEA_Pow(10,dx+2);  //得到°
30               rs=temp%NMEA_Pow(10,dx+2);                    //得到'
31               gpsmsg->longitude_bd=gpsmsg->longitude_bd*NMEA_Pow(10,5)+(rs*NMEA_Pow(1
32               0,5-dx))/60;//转换为°
33           }
34           posx=NMEA_Comma_Pos(p4,6);                        //东经还是西经
35           if(posx!=0XFF) gpsmsg->ewhemi_bd=*(p4+posx);
36       }
```

（5）NB-IoT 模组驱动代码

① int32_t nb_set_eDRX(char* PTW,char* eDRX)：该函数位于 bc95.c 文件中，代码如下。该函数的功能是开启模组的 eDRX 功能，并设置 PTW 周期和 eDRX 周期。设置参数前先要重开射频并关闭 PSM 状态，再设置参数，最后注册网络，核心网会给设备设置请求的参数。

```
1        int32_t nb_set_eDRX(char* PTW,char* eDRX)
2        {
3            char *cmd1 = "AT+NPTWEDRXS=2,5";
4            char *cmd2 = "AT+NPTWEDRXS?";
5            int ret,rbuflen;
6            char* str = NULL;
7            char* rPTW;
8            char* reDRX;
9            ret=nb_set_cfun(0);
10           if(ret < 0)
11               return -1;
12           ret=nb_set_cfun(1);
13           if(ret < 0)
14               return -1;
```

```
15      ret=nb_set_psm(0);
16      if(ret < 0)
17          return -1;
18      memset(wbuf, 0, AT_DATA_LEN);
19      snprintf(wbuf, AT_DATA_LEN, "%s,%s,%s%c",cmd1,PTW,eDRX,'\r');
20      ret= at.cmd((int8_t*)wbuf, strlen(wbuf), "OK", NULL,NULL);
21      if(ret < 0)
22          return -1;
23      ret=nb_set_attach(1);
24      if(ret < 0)
25          return -1;
26      ret = at.cmd((int8_t*)cmd2, strlen(cmd2), "+NPTWEDRXS:", rbuf,&rbuflen);
27      if(ret < 0)
28          return -1;
29      str = strstr(rbuf,"+NPTWEDRXS:");
30      if(str == NULL)
31          return -1;
32      sscanf(str,"+NPTWEDRXS:%s,%s,%s,%s",PTW,eDRX,reDRX,rPTW);
33      if(PTW!=rPTW&&eDRX!=reDRX)
34              return -1;
35      return 0;
36  }
```

② int32_t nb_send_psk(char* pskid, char* psk)：该函数位于 bc95.c 文件中，代码如下。该函数的功能是开启 DTLS 加密传输模式，并设置相关加密参数。该函数的输入参数有两个：第一个参数是 pskid，即模组的 IMEI；第二参数是 psk，这里填写 16 字节的十六进制字符串。

```
1   int32_t nb_send_psk(char* pskid, char* psk)
2   {
3       char* cmd1 = "AT+QSECSWT=1";
4       char* cmd2 = "AT+QSETPSK";
5       at.cmd((int8_t*)cmd1, strlen(cmd1), "OK", NULL,NULL);
6       snprintf(wbuf, AT_DATA_LEN, "%s=%s,%s\r", cmd2, pskid, psk);
7       return at.cmd((int8_t*)wbuf, strlen(wbuf), "OK", NULL,NULL);
8   }
```

3. 修改网络参数

打开 MDK 工程 User 目录下的 main.c 文件，本案例使用 DTLS 加密协议进行传输，所以将 AT_DTLS 的宏定义设置为 1，开启 DTLS 传输功能。还需要设置 pskid 和 psk，pskid 是指模组的 IMEI 号，psk 是前面在平台上注册加密时系统自动产生的 PSK 码。最后，设置平台的对接地址和加密端口，如图 7-65 所示。

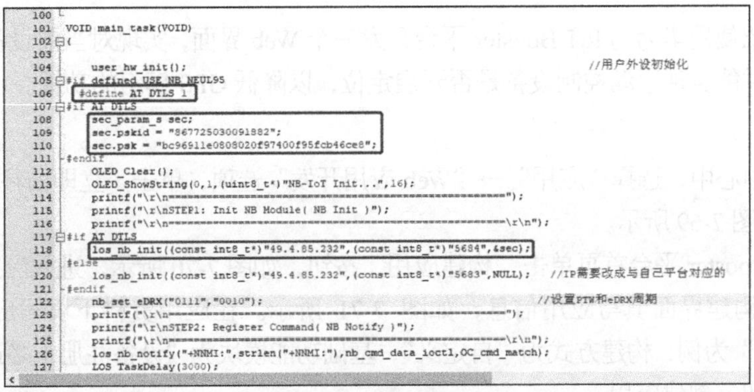

图 7-65　修改网络参数

4. 工程编译烧录

（1）单击 MDK 工具栏中的编译按钮编译程序，如图 7-66 所示。

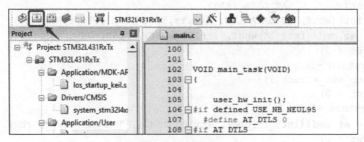

图 7-66　编译程序

（2）编译成功后，可在编译信息输出栏中看到图 7-67 所示的消息。

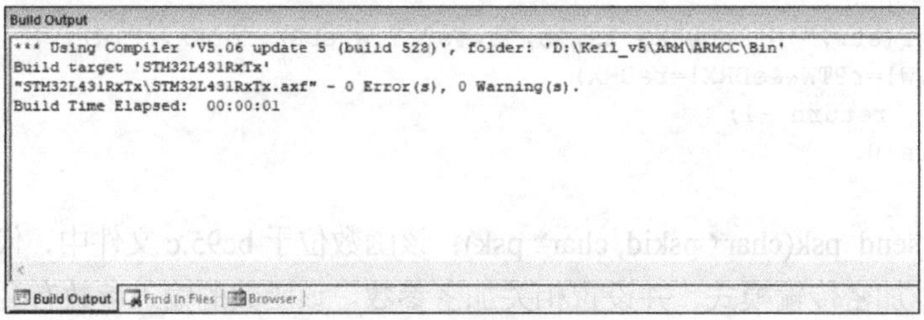

图 7-67　编译成功后的消息

（3）单击图 7-68 所示的按钮烧录程序，烧录程序前应先确认 ST-Link 设备已经连接成功。

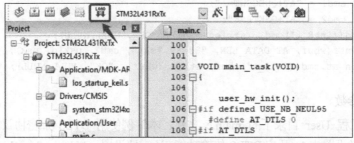

图 7-68　烧录程序

7.5.4　应用开发

本小节将介绍使用华为的 IoT Booster 平台开发一个 Web 界面，实现对当前设备的定位数据及定位轨迹的查看，并能实现手动控制设备是否开启定位，以降低 GPS 模组的功耗。

1. 构建应用

（1）在开发中心中，选择"应用"→"Web 应用开发"选项，单击"立即前往"按钮，进入 IoT Booster 平台，如图 7-69 所示。

（2）在 IoT Booster 平台首页单击"构建应用"按钮，如图 7-70 所示，进入应用构建界面。

（3）在应用构建界面填写应用信息，如图 7-71 所示。在应用资料下填写应用名称，这里以"GPS_Track_APP"为例，构建方式为"自定义"，基础功能模块为"设备注册（必选）""设备列表"，单击"创建"按钮，创建应用。

图 7-69　进入 IoT Booster 平台

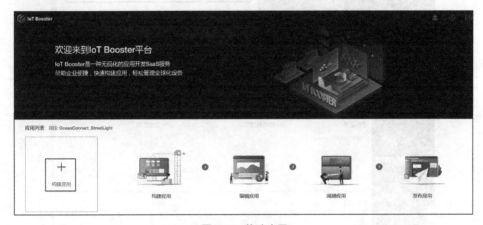

图 7-70　构建应用

图 7-71　填写应用信息

2.　编辑应用

（1）将光标移至"自定义页面 1"上，在弹出的列表中选择"修改"选项，打开"修改"对话框，如图 7-72 所示。将菜单名称修改为"GPS 定位管理"，其他保持默认，然后单击"确定"按钮保存设置。

（2）进入"GPS 定位管理"页面，设计页面组件布局，拖动一个"选择设备"组件、一个"设备位置"组件、一个"设备轨迹"组件和两个"命令下发"组件至页面中，按图 7-73 所示的布局进行摆放，并设置对应的名称及匹配对应的数据。

（3）GPS 定位管理页面构建完成，单击右上角的"保存"按钮，单击"预览"按钮，查看应用页面效果，如图 7-74 所示。

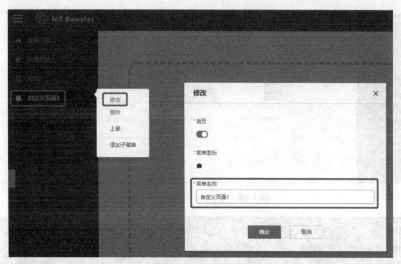

图 7-72 "修改"对话框

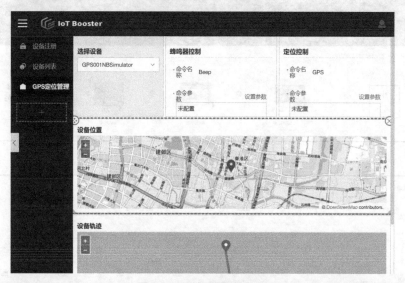

图 7-73 设计页面组件布局

图 7-74 查看应用页面效果

7.5.5 业务调试

本小节主要介绍在 Web 应用上注册一个定位器设备，查看定位器上报的定位数据及定位轨迹。

1. 注册设备

（1）在应用开发中已构建应用的预览界面中，选择"设备注册"→"单个注册"选项，单击"创建"按钮，如图 7-75 所示。

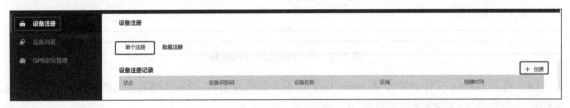

图 7-75 注册单个设备

（2）系统将打开"设备注册"对话框，填写设备相关信息，如图 7-76 所示。选择 5.4 节中已创建的产品，输入设备名称和设备识别码，设备识别码即模组的 IMEI，EVB_M1 主板模组的 IMEI 可以通过对模组发送 AT+CGSN=1 指令获取，也可以在 NB-IoT 模组上直接读出，单击"提交"按钮，完成设备注册。

设备注册	✕
基本信息	
*产品选择　GPS	⌄
*设备名称　EVB_M1	
*设备识别码　86950504▆▆▆▆	
可选信息	⌄
提交	

图 7-76 "设备注册"对话框

（3）设备注册成功后平台会自动生成 PSK 码，如图 7-77 所示，PSK 码用于设备通过 DTLS 加密协议连接平台，本案例将会使用 DTLS 加密协议连接平台，所以需要保存 PSK。

设备注册成功, 请保存好您的"设备标识码"与"PSK", 通过"设备标识码"与"PSK"进行南向注册, 获取平台"动态密钥"。

设备ID:　　def178e6-aa2c-4fd8-8a21-c7eceb5bc446

设备标识码:　8695050464███████

PSK:　　　　fa22396735ce9465a85e7d1███████

返回

图 7-77　平台自动生成的 PSK 码

（4）打开 main.c 文件, 定位到 main_task 任务, 修改设备标识码和 PSK, 如图 7-78 所示。修改完毕后重新编译代码并烧录到单片机中。

```
81    VOID main_task(VOID)
82  ⊟{
83
84  ⊟#if defined USE_NB_NEUL95
85   #define AT_DTLS 1
86  ⊟#if AT_DTLS
87        sec param s sec;
88        sec.pskid = "8695050464████";
89        sec.psk = "fa22396735ce9465a85e7c████████";
90  ├#endif
91        printf("\r\n=============================================");
92        printf("\r\nSTEP1: Init NB Module( NB Init )");
93        printf("\r\n=============================================\r\n");
94  ⊟#if AT_DTLS
95        los_nb_init((const int8_t*)"49.4.85.232",(const int8_t*)"5684",&sec);
96   #else
97        los_nb_init((const int8_t*)"49.4.85.232",(const int8_t*)"5683",NULL);    //IP需要改成与自己平台对应的
98  ├#endif
99        printf("\r\n=============================================");
100       printf("\r\nSTEP2: Register Command( NB Notify )");
101       printf("\r\n=============================================\r\n");
102       los_nb_notify("+NNMI:",strlen("+NNMI:"),nb_cmd_data_ioct1,OC_cmd_match);
103       LOS_TaskDelay(3000);
104       printf("\r\n=============================================");
105       printf("\r\nSTEP3: Report Data to Server( NB Report )");
106       printf("\r\n=============================================\r\n");
107
108       nb_iot_entry();//    案例程序入口
109
110  ├#endif
111  }
```

图 7-78　修改设备标识码和 PSK

2. 调试设备

（1）选择"GPS 定位管理"→"定位控制"选项, 单击"设置参数"按钮, 将命令参数设置为"Request:Track", 单击"发送命令"按钮, 如图 7-79 所示。发送命令后扩展板的 GPS 模组开启定位功能, EVB_M1 主板也会开始上传数据。

图 7-79　发送 Track 命令

（2）在"GPS 定位管理"页面中，可以查看设备的位置信息和设备轨迹，如图 7-80 所示。

图 7-80　查看设备的位置信息和设备轨迹

3. 删除设备

实验结束后删除平台上的设备，单击"设备管理"按钮，进入设备列表，单击对应设备右侧的"删除"按钮，如图 7-81 所示，将设备从平台上删除。

图 7-81　删除设备

7.6　本章小结

本章主要通过四个案例的实战开发，使读者了解如何将 UDP、CoAP、LwM2M 协议运用到实际产品的开发中。使用 DTLS 加密传输协议，能提高数据在传输过程中的安全性。在控制设备功耗方面，使用了 RAI 及 eDRX 技术，降低了设备在数据传输方面的功耗。通过在 IoT Booster 平台中开发 Web 界面能快速实现端到端的集成开发，使设备上报的数据更加图形化。

第8章 NB-IoT扩展开发

前面的章节已经通过从基础到实战完成了一个 NB-IoT 产品初步的开发过程，但是针对不同的应用场景需要对产品做进一步的优化，以使产品能进行长期稳定地工作。本章内容将介绍 NB-IoT 场景应用设计及 NB-IoT 业务模型设计规范，并对后期的产品固件升级方法做详细介绍。

8.1 NB-IoT 场景应用设计

目前 NB-IoT 终端主要应用于如下四类终端应用场景。

（1）固定上报类：如水表、气表、烟感报警器等。

（2）固定控制类：如路灯、共享洗衣机等。

（3）移动上报类：如共享单车、智能手环等。

（4）移动控制类：如电动车控制器。

本节将以上海移远的 BC35-G 模组为例，分别针对这几种场景应用给出设计指导。

1. 固定上报类

固定上报类场景下的 NB-IoT 终端设备部署位置固定，数据传输业务具有周期性，大部分时间处于睡眠状态，无须接收寻呼消息，仅在终端发送上行数据时接收下行数据。固定上报类终端设备要求低功耗以及高数据传输成功率，但对数据实时性要求较低，从典型的固定上报类业务模型分析，主要分为每次完成发包业务下电和进入 PSM 两种方案。不论哪种方案，都建议终端客户有一个保障使能小区重选功能的机制。当使能了小区重选功能后，UE 在 IDLE 态会对服务小区的信号状态做测量，会带来一定功耗的增加，所以注网成功后，要关闭小区重选功能。

（1）网络参数配置要求

NB-IoT 终端网络参数的配置需要考虑到 DRX 周期和是否使用低功耗模式，如果 NB-IoT 需要使用低功耗模式，则需要配置 TAU 周期和 PSM 等参数，如表 8-1 所示。

表 8-1　　　　　　　　　　　　　固定上报类场景下的网络参数配置要求

参数	配置要求
DRX 周期	2.56
eDRX 功能	关闭
TAU 周期	大于业务周期
PSM 状态	打开
PSM 激活定时器	大于 15s

注：具体参数配置方法请参考 4.6 节的操作说明。

（2）终端设计建议

进行 NB-IoT 终端设计需要考虑从终端开机接入网络到完成整个通信之后休眠的各个方面，包括整个过程中的开机接入网络超时时间、数据业务传输、设备休眠等，如表 8-2 所示。

表 8-2　　　　　　　　　　　　　固定上报类场景下的终端设计建议

序号	设计参考项	说明
1	开机接入网络超时时间	由于网络变化或在深度覆盖下，终端接入网络时间较长，因此建议 MCU 开机接入网络超时时间不小于 300s
2	使能小区重选功能	① 为了选择信号更好的小区，建议开启模组的小区重选功能。 ② 若小区重选功能被关闭，首先确认模组处于最小功能模式（可通过 AT+CFUN? 查询），再向模组发送 "AT+NCONFIG=CELL_RESELECTION,TRUE" 命令使能小区重选
3	针对最后一条上行数据启用 RAI 功能	最后一条上行数据业务采用带有 RAI 功能的命令发送（例如，AT+QLWULDATAEX=3,AA34BB,0x0001），提示核心网立即释放 RRC 连接。模组快速进入到 IDLE 状态，待 IDLE 定时器超时后模组自动进入 PSM 模式
4	若需要给模组断电，则须在模组进入 IDLE 状态后延时 15s 再进行断电动作	模组进入 IDLE 状态后须至少等待 15s 再进行断电，使得网络可以通过配置 T3324 定时器，保证模组有足够的时间完成小区测量及重选过程
5	若需要给模组断电，则须先执行 "AT+CFUN=0" 命令再断电	在断电前，MCU 须向模组发送 "AT+CFUN=0" 命令，触发模组保存频点、向网络发送去附着消息
6	数据传输业务	① 向华为 OceanConnect 平台或中国电信物联网开放平台发送数据时，若返回 "+CME ERROR: 513" 错误（前提是设置 AT+CMEE=1；513: TUP not registered），MCU 延时 20s 后再次尝试发送数据；若连续 3 次发送数据失败，则进入异常处理流程（参考如下第 7 项）。 ② 进行正常数据传输业务时，在业务数据交互过程中，若 60s 后未收到下行数据，则判定本次数据业务因超时而失败，再次尝试发送数据；若 3 次尝试均因超时失败，则进入异常处理流程（参考如下第 7 项）
7	异常处理流程	在接入网络异常或数据传输业务失败后，需要依次执行以下命令：AT+NRB（重启模组）→ AT+CFUN=0（开启最小功能模式）→ AT+NCSEARFCN（清除先验频点）→ AT+CFUN=1（开启全功能模式）→ AT+CGATT=1（附着网络），再次尝试接入网络以及数据传输业务。若接入网络或数据传输业务仍失败，可根据退避算法进行 3 次重试；若仍失败，则断电关机，待下一次业务上报时，再重新接入网络
8	支持模组 FOTA 升级	FOTA 升级过程中，需要终止业务，禁止向模组发送 AT 命令，禁止断电模组； 模组通过 AT 串口输出 "FIRMWARE DOWNLOADING" 表示升级开始，输出 "FIRMWARE UPDATE OVER" 表示升级结束； 建议 FOTA 升级（差分包小于 100KB）不断电保护时间最小 30min。详细规范指导请参考 5.2.2 小节
9	异常复位保护	考虑到供电不稳、未知异常等情况，终端需要利用串口的中断机制增加异常复位保护； 若终端收到模组的复位打印日志——"REBOOT"，则可判定模组已发生了异常复位，MCU 需要重新再配置相关初始参数； 例如，若初始设置了模组 AT+NNMI=1，一旦出现异常复位，模组就恢复到了 NNMI 为 0 的默认状态，终端需要重新配置 NNMI=1，避免异常复位后模组不主动串口打印网络端下行数据的情况发生

2. 固定控制类

固定控制类场景下的 NB-IoT 终端设备部署位置固定，通常由外部电源供电，设备大部分时间处于在线状态，能实时接收下行数据。该类终端设备对数据实时性要求较高，对功耗要求较低。典型的固定控制类场景下的终端设备有智能路灯及白色家电等，比较典型的特征如下：设备上电成功后就会在 IDLE 状态下周期性上报上行数据，并且在 IDLE 状态下随时可能接受来自网络侧（云平台）的寻呼。

（1）网络参数配置要求

NB-IoT 终端网络参数的配置需要考虑到 DRX 周期和是否使用低功耗模式，如果 NB-IoT 需要使用低功耗模式，则需要配置 TAU 周期和 PSM 等参数，如表 8-3 所示。

表 8-3　　　　　　　　　　固定控制类场景下的网络参数配置要求

参数	配置要求
DRX 周期	2.56
eDRX 功能	关闭
TAU 周期(T3412)	大于业务周期
PSM 状态	关闭
PSM 激活定时器(T3324)	N/A

（2）终端设计建议

关于 NB-IoT 终端设计，需要考虑从终端开机接入网络到完成整个通信之后休眠的各个方面，包括整个过程中的开机接入网络超时时间、数据业务传输、设备休眠等，如表 8-4 所示。

表 8-4　　　　　　　　　　固定控制类场景下的终端设计建议

序号	设计参考项	说明
1	开机接入网络超时时间	由于网络变化或在深度覆盖下，终端接入网络时间较长，因此建议 MCU 开机接入网络超时时间不小于 300s
2	使能小区重选功能	① 为了选择信号更好的小区，建议开启模组的小区重选功能。 ② 若小区重选功能被关闭，首先确认模组处于最小功能模式（可通过 AT+CFUN?查询），再向模组发送 "AT+NCONFIG=CELL_RESELECTION,TRUE" 命令使能小区重选
3	若需要给模组断电，则须在模组进入 IDLE 状态后延时 15s 再进行断电动作	模组进入 IDLE 状态后须至少等待 15s 再进行断电，使得网络可以通过配置 T3324 定时器，保证模组有足够的时间完成小区测量及重选过程
4	若需要给模组断电，则须先执行 "AT+CFUN=0" 命令再断电	在断电前 MCU 需向模组发送 "AT+CFUN=0" 命令，触发模组保存频点、向网络发送去附着消息
5	数据传输业务	① 向华为 OceanConnect 平台或中国电信物联网开放平台发送数据时，若返回 "+CME ERROR:513" 错误（前提是设置 AT+CMEE=1；513:TUP not registered），MCU 延时 20s 后再次尝试发送数据；若连续 3 次均发送数据失败，则进入异常处理流程（参考如下第 7 项）。 ② 进行正常数据传输业务时，在业务数据交互过程中，若 60s 后未收到下行数据，则判定本次数据业务因超时而失败，再次尝试发送数据；若 3 次尝试因超时失败，则进入异常处理流程（参考如下第 7 项）
6	异常处理流程	若接入网络异常或数据传输业务失败后，依次执行以下命令：AT+NRB（重启模组）→AT+CFUN=0（开启最小功能模式）→AT+NCSEARFCN（清除先验频点）→AT+CFUN=1（开启全功能模式）→AT+CGATT=1（附着网络），再次尝试接入网络以及数据传输业务。若接入网络或数据传输业务仍失败，可根据退避算法进行 3 次重试；若仍失败，则断电关机，待下一次业务上报时，再重新接入网络

续表

序号	设计参考项	说明
7	支持模组 FOTA 升级	FOTA 升级过程中，需要终止业务，禁止向模组发送 AT 命令，禁止断电模组； 模组通过 AT 串口输出 "FIRMWARE DOWNLOADING" 表示升级开始，输出 "FIRMWARE UPDATE OVER" 表示升级结束； 建议 FOTA 升级（差分包小于 100K）不断电保护时间最小 30min
8	异常复位保护	考虑到供电不稳、未知异常等情况，终端需要利用串口的中断机制增加异常复位保护； 若终端收到模组的复位打印日志——"REBOOT"，则可判定模组已发生了异常复位，MCU 需要重新再配置相关初始参数； 例如，若初始设置了模组 AT+NNMI=1，一旦出现异常复位，模组就恢复到了 NNMI 为 0 的默认状态，终端需要重新配置 NNMI=1，避免异常复位后模组不主动串口打印网络端下行数据的情况发生

3. 移动上报类

移动上报类场景下终端设备会在移动状态下与云平台进行业务数据传输，但是并不需要接收寻呼消息，仅在终端发送上行数据时接收下行数据。该类终端设备要求尽可能低的功耗，并且对数据实时性的要求也很低。从典型的移动上报类业务模型分析，主要是使能小区重选在 IDLE 状态下的移动过程中周期性或者主动进行数据上报。

由于当前阶段运营商基站配置的不活动定时器时间大约为 20s，即基站会与已经和基站建立连接的终端协商双方进行 20s 的计时，如果在这段时间内终端和基站无信令交互，那么通信双方均会释放对方。如果终端和基站在这段时间内发生了信令交互，那么通信双方会重新更新计时，重新等待下一个 20s，这就会造成移动上报中的终端在完成一次业务后，会再多保持大约 20s 的连接状态。而在移动上报类场景下，终端会一直保持移动状态，在 20s 结束前，终端可能会离开该小区的服务范围进入新小区，这时终端会和新小区重新建立 20s 的计时，依次持续下去，这可能会导致设备不断处于 "Connect" 和尝试 "Connect" 状态，所以无论是在异频还是同频部署的网络下，为了能使终端快速进入 IDLE 状态并启动小区重选功能，建议当外部 MCU 发送最后一条上行数据时，要通过 RAI 功能要求核心网要立即释放终端进入 IDLE 状态，最大程度地保障业务交互的时延和成功率。

（1）网络参数配置要求

NB-IoT 终端网络参数的配置需要考虑到 DRX 周期和是否使用低功耗模式，如果 NB-IoT 需要使用低功耗模式，则需要配置 TAU 周期和 PSM 等参数，如表 8-5 所示。

表 8-5　　　　　　　　　　移动上报类场景下的网络参数配置要求

参数	配置要求
DRX 周期	2.56
eDRX 功能	关闭
TAU 周期（T3412）	大于业务周期
PSM 状态	打开
PSM 激活定时器（T3324）	2s

（2）终端设计建议

关于 NB-IoT 终端设计，需要考虑从终端开机接入网络到完成整个通信之后休眠的各个方面，包括整个过程中开机接入网络的超时时间、数据业务传输、设备休眠等，如表 8-6 所示。

表 8-6 **移动上报类场景下的终端设计建议**

序号	设计参考项	说明
1	开机接入网络超时时间	由于网络变化或在深度覆盖下,终端接入网络时间较长,因此建议 MCU 开机接入网络超时时间不小于 300s
2	使能小区重选功能	① 为了选择信号更好的小区,建议开启模组的小区重选功能。 ② 若小区重选功能被关闭,首先确认模组处于最小功能模式(可通过 AT+CFUN? 查询),再向模组发送 "AT+NCONFIG=CELL_RESELECTION, TRUE" 命令使能小区重选
3	针对最后一条上行数据启用 RAI 功能	最后一条上行数据业务采用带有 RAI 功能的命令发送(例如,AT+QLWULDATAEX=3,AA34BB,0x0001),提示核心网立即释放 RRC 连接。模组快速进入到 IDLE 状态,待 IDLE 定时器超时后模组自动进入 PSM 模式
4	若需要给模组断电,则须在模组进入 IDLE 状态后延时 15s 再进行断电动作	模组进入 IDLE 状态后须至少等待 15s 再进行断电,使得网络可以通过配置 T3324 定时器,保证模组有足够的时间完成小区测量及重选过程
5	若需要给模组断电,则须先执行 "AT+CFUN=0" 命令再断电	在断电前 MCU 须向模组发送 "AT+CFUN=0" 命令,触发模组保存频点、向网络发送去附着消息
6	数据传输业务	① 向华为 OceanConnect 平台或中国电信物联网开放平台发送数据时,若返回 "+CME ERROR:513" 错误(前提是设置 AT+CMEE=1;513:TUP not registered),MCU 延时 20s 后再次尝试发送数据;若连续 3 次均发送数据失败,则进入异常处理流程(参考如下第 7 项)。 ② 进行正常数据传输业务时,在业务数据交互过程中,若 60s 后未收到下行数据,则判定本次数据业务因超时而失败,再次尝试发送数据;若 3 次尝试均因超时失败,则进入异常处理流程(参考如下第 7 项)
7	异常处理流程	在接入网络异常或数据传输业务失败后,依次执行以下命令:AT+NRB(重启模组)→AT+CFUN=0(开启最小功能模式)→AT+NCSEARFCN(清除先验频点)→AT+CFUN=1(开启全功能模式)→AT+CGATT=1(附着网络),再次尝试接入网络以及数据传输业务。若接入网络或数据传输业务仍失败,可根据退避算法进行 3 次重试;若仍失败,则断电关机,待下一次业务上报时,再重新接入网络
8	支持模组 FOTA 升级	FOTA 升级过程中,需要终止业务,禁止向模组发送 AT 命令,禁止断电模组; 模组通过 AT 串口输出 "FIRMWARE DOWNLOADING" 表示升级开始,输出 "FIRMWARE UPDATE OVER" 表示升级结束; 建议 FOTA 升级(差分包小于 100KB)不断电保护时间最小 30min
9	异常复位保护	考虑到供电不稳、未知异常等情况,终端需要利用串口的中断机制增加异常复位保护; 若终端收到模组的复位打印日志——"REBOOT",则可判定模组已发生了异常复位,MCU 需要重新再配置相关初始参数; 例如,若初始设置了模组 AT+NNMI=1,一旦出现异常复位,模组就恢复到了 NNMI 为 0 的默认状态,终端需要重新配置 NNMI=1,避免异常复位后模组不主动串口打印网络端下行数据的情况发生

4. 移动控制类

移动控制类场景下的终端设备处于不断移动状态,大部分时间内处于在线状态,要求能实时接收下行数据,同时有可能存在周期性的业务数据上报。此类场景下的终端应用一般可充电,设备对功耗要求低,但对数据的实时性要求高,建议使用 IDLE 方案。

(1)网络参数配置要求

NB-IoT 终端网络参数的配置需要考虑到 DRX 周期和是否使用低功耗模式,如果 NB-IoT 需要使用低功耗模式,则需要配置 TAU 周期和 PSM 等参数,如表 8-7 所示。

表 8-7 　　　　　　　　　　　移动控制类场景下的网络参数配置要求

参数	配置要求
DRX 周期	2.56
eDRX 功能	关闭
TAU 周期(T3412)	大于业务周期
PSM 状态	关闭
PSM 激活定时器(T3324)	N/A

（2）终端设计建议

关于 NB-IoT 终端设计，需要考虑从终端开机接入网络到完成整个通信之后休眠的各个方面，包括整个过程中的开机接入网络超时时间、数据业务传输、设备休眠等，如表 8-8 所示。

表 8-8 　　　　　　　　　　　移动控制类场景下的终端设计建议

序号	设计参考项	说明
1	开机接入网络超时时间	由于网络变化或在深度覆盖下，终端接入网络时间较长，因此建议 MCU 开机接入网络超时时间不小于 300s
2	使能小区重选功能	① 为了选择信号更好的小区，建议开启模组的小区重选功能。 ② 若小区重选功能被关闭，首先确认模组处于最小功能模式（可通过 AT+CFUN?查询），再向模组发送 "AT+NCONFIG=CELL_RESELECTION, TRUE" 命令使能小区重选
3	针对最后一条上行数据启用 RAI 功能	最后一条上行数据业务采用带有 RAI 功能的命令发送（例如，AT+QLWULDATAEX=3,AA34BB,0x0001），提示核心网立即释放 RRC 连接。模组快速进入到 IDLE 状态，待 IDLE 定时器超时后模组自动进入 PSM 模式
4	若需要给模组断电，则须在模组进入 IDLE 状态后延时 15s 再进行断电动作	模组进入 IDLE 状态后须至少等待 15s 再进行断电，使得网络可以通过配置 T3324 定时器，保证模组有足够的时间完成小区测量及重选过程
5	若需要给模组断电，则须先执行 "AT+CFUN=0" 命令再断电	在断电前 MCU 须向模组发送 "AT+CFUN=0" 命令，触发模组保存频点、向网络发送去附着消息
6	数据传输业务	① 向华为 OceanConnect 平台或中国电信物联网开放平台发送数据时，若返回 "+CME ERROR:513" 错误（前提是设置 AT+CMEE=1；513:TUP not registered），MCU 延时 20s 后再次尝试发送数据；若连续 3 次均发送数据失败，则进入异常处理流程（参考如下第 7 项）。 ② 进行正常数据传输业务时，在业务数据交互过程中，若 60s 后未收到下行数据，则判定本次数据业务因超时而失败，再次尝试发送数据；若 3 次尝试均因超时失败，则进入异常处理流程（参考如下第 7 项）
7	异常处理流程	若接入网络异常或数据传输业务失败后，依次执行以下命令：AT+NRB（重启模组）→AT+CFUN=0（开启最小功能模式）→AT+NCSEARFCN（清除先验频点）→AT+CFUN=1（开启全功能模式）→AT+CGATT=1（附着网络），再次尝试接入网络以及数据传输业务。若接入网络或数据传输业务仍失败，可根据退避算法进行 3 次重试；若仍失败，则断电关机，待下一次业务上报时，再重新接入网络
8	支持模组 FOTA 升级	FOTA 升级过程中，需要终止业务，禁止向模组发送 AT 命令，禁止断电模组；模组通过 AT 串口输出 "FIRMWARE DOWNLOADING" 表示升级开始，输出 "FIRMWARE UPDATE OVER" 表示升级结束；建议 FOTA 升级（差分包小于 100K）不断电保护时间最小 30min
9	异常复位保护	考虑到供电不稳、未知异常等情况，终端需要利用串口的中断机制增加异常复位保护； 若终端收到模组的复位打印日志——"REBOOT"，则可判定模组已发生了异常复位，MC 需要重新再配置相关初始参数； 例如，若初始设置了模组 AT+NNMI=1，一旦出现异常复位，模组就恢复到了 NNMI 为 0 的默认状态，终端需要重新配置 NNMI=1，避免异常复位后模组不主动串口打印网络端下行数据的情况发生

8.2 NB-IoT 业务模型设计规范

针对不同的应用场景，为了增加产品的稳定性，需要对 NB-IoT 的模型设计做进一步的规范，本节将对功耗、覆盖、容量、可靠性、移动性、定位、远程控制、大量终端同时上线/上报数据、终端分批分区域控制、下行实时控制业务保活这 10 个业务模型提出规范建议。

1. 功耗

由于物联网设备应用场景的特殊性，NB-IoT 终端设备经常会被安装在地下或者其他不易接近的地方，对电池使用寿命要求较高，往往要求终端在电池供电场景下能持续工作 5 年甚至 10 年以上，因此物联网设备需要针对应用场景按照低功耗的方案设计。

为降低终端功耗，业务设计推荐原则如下。

（1）减少消息交互的数量，如将多条消息合并为一条消息。

（2）减少数据净荷大小，如增加数据压缩的流程。

（3）在满足应用需求时，尽量减少每日消息交互次数。

（4）通过 RAI 功能要求核心网在发送完数据后立即释放终端进入 IDLE 状态，以最大程度地降低连接状态的功耗。

（5）适当增加 TAU 定时器时长，减少 TAU 次数。例如，消息上报周期为 24h，则可以将 TAU 定时器的时长设置为 25 小时。

（6）适当减少 AT（ActiveTimer）（T3324）定时器时长，使终端释放连接后，尽快进入 SLEEP 状态。例如，抄表类业务可以将 AT 定时器时长配置为 0 小时。

（7）尽量使用 PSM 模式降低终端空闲状态的耗电，而不是直接将终端断电。使用断电的方式，重新供电后，模组需要重新接入无线网络，注册到核心网和 IoT 平台，需要多个信令流程，而 PSM 模式则无须这些流程，相比于断电方式较为省电。

2. 覆盖

NB-IoT 终端的覆盖等级可以通过信号强度（RSRP）和信号质量（SINR）两个参数来评估，信号强度或者信号质量越好，业务性能就会越好。3GPP 将 NB-IoT 的覆盖划分为三个等级，即覆盖等级 0、1、2，这些覆盖等级主要根据信号强度划分，覆盖等级 0 级表示覆盖效果最好。假设 NB 发射功率 20W 的情况下，推荐的 NB-IoT 终端覆盖等级门限如表 8-9 所示。

表 8-9   推荐的 NB-IoT 终端覆盖等级门限

覆盖等级	RSRP 门限	SINR 门限
0	$\geqslant$ -105dBm	$\geqslant$ 7dB
1	-105dBm > RSRP $\geqslant$ -115dBm	7dB > SINR $\geqslant$ -3dB
2	-125dBm $\leqslant$ RSRP < -115dBm	-3dB > SINR $\geqslant$ -8dB

NB-IoT 终端设备要尽量安装在覆盖等级为 0 和 1 的区域，即安装点的网络参考信号信噪比（SINR）大于-3dB，参考信号接收功率（RSRP）大于-115dBm。在覆盖等级为 2 的区域，NB-IoT 终端可以接入使用 NB-IoT 网络，但时延、耗电均会增加。可以通过 AT 命令查询 RSRP 和 SINR 参数，确认网络实时状态。

3. 容量

NB-IoT 信道带宽为 200kHz，一个子信道带宽 15kHz，一个 NB-IoT 载波有 12 个子信道。在 1 个 TTI（1ms）内最多支持 12 个终端用户并发。根据 3GPP 定义，单载波情况下，每 TTI（1ms）

内，NPDCCH 可调度的最大用户数为 2 个，NPDSCH 上传用户数 1 个，NPUSCH 输出用户数 @15kHz 12 个。

4. 可靠性

NB-IoT 无线通信技术相比于有线传输方案，更容易受到无线电波的干扰，导致数据发送失败。为了提高数据传输的可靠性，应用层应支持重传机制。

根据应用对时延的要求，可以选择失败后立即重传或者伴随下一上报周期数据一起发送。如果对实时性要求比较高，则可以采用立即重传的方式，反之，可以采用和下一上报周期数据一起发送的方式。若采用和下一周期数据一起发送的方式，则由于减少了终端接入网络的次数和信令开销，可以降低功耗。

5. 移动性

移动性主要包含两层含义：一是终端移动时，业务不中断；二是终端可以支持移动的最大速度。物联网应用大多以小包业务为主，发送时间较短，NB-IoT 技术通过小区重选即可满足小于 30km/h 应用场景的需求。3GPP R14 协议中增加了 *Fast RRC Re-establishmen* 功能，NB-IoT 可支持 80km/h 的应用场景。

6. 定位

不同业务场景对定位精度的要求不同，如果要求定位精度小于等于 1m，则需要采用卫星导航定位技术，如 GPS、北斗等。采用 3GPP R14 协议的 OTDOA 技术时，NB-IoT 通信模组提供的蜂窝定位技术可支持 30～50m 的定位精度。

7. 远程控制

要对终端设备进行远程控制，则终端设备应具备监听网络的能力。监听越频繁，则远程控制的时延越短，但往往终端的功耗也越高。所以，远程控制业务宜综合考虑，平衡时延和功耗的矛盾。

为实现远程控制，在实际应用中需要做到以下几点。

（1）终端应关闭 PSM 模式。

（2）针对终端功耗要求低或实时性要求高的业务，应关闭 eDRX 模式，使用 DRX 模式。

（3）针对终端功耗要求高或实时性要求不高的业务，可使用 eDRX 模式。通过选择不同的 eDRX 周期（20.48s～2.92h）调节功耗和时延的平衡。eDRX 周期越长，功耗越低，时延越长。

8. 大量终端同时上线/上报数据

NB-IoT 信道带宽为 200kHz，若同一区域内大量终端同时上线/上报数据，则相互之间会产生碰撞，造成接入的时间延长，接入失败的可能性变大，功耗增加。为避免这些问题，针对存在同时上电/激活的业务，终端需进行错峰接入上报，将开始接入上报的时间随机延迟 0～99s，延迟值可以采用设备 ID 最后两位。例如，智能路灯在上电后需要将路灯当前的状态上报到业务平台，设备编号最后两位为 00 的设备，上电后立即开始上报数据；设备编号最后两位为 01 的设备，上电后延迟 1s 再开始上报数据；设备编号最后两位为 99 的设备，上电后延迟 99s 再开始上报数据。为了保证终端错峰接入上报的效果，终端设备间需要采用相同的时间计时，如使用网络时间进行同步。

针对周期上报的业务和"心跳业务"，终端宜将上报时间点按照上报周期做随机离散。

例如，智能水表每天上报 1 次，可以设置水表在每天的 0 点到 8 点之间上报数据，每个终端上报的时间点 T 在 0 点到 8 点之间随机离散开，$T = (SN \bmod 960) \times 30s$；其中，$T$ 为从 0 点开始的秒数，

SN 为水表的序列号，SN mod 960 是 SN 除以 960 的余数。

9. 终端分批分区域控制

在需要对大量终端进行远程控制操作时，为保证网络顺畅，宜对同一小区内的终端进行分批分区域控制。例如，将终端按照约每 $0.785km^2$（小区半径 500m）分为 1 个区域，对不同区域的终端可以同时进行控制，但是对于同一区域的终端，将延迟 1s 以上进行控制。

10. 下行实时控制业务保活

在 2G/3G/4G 蜂窝网络中，终端使用核心网分配的私网 IP 地址与应用服务器通信，需要经过运营商的防火墙设备。防火墙的 NAT 设备会将终端的运营商私网 IP 地址转换为公网 IP 地址后与应用服务器通信。由于公网 IP 地址资源有限，私网 IP 地址与公网 IP 地址的映射关系存在 IP 地址老化的问题。终端 IP 地址老化后，服务器无法向终端发送下行数据。因此，需要终端发送周期"心跳包"对 IP 地址进行保活。

在 NB-IoT 网络中，如果 IoT 平台由运营商部署且 IoT 平台与终端都处于运营商的私网内，就不存在 IP 地址老化的问题，不需要心跳保活。但在实际应用中，考虑到 IoT 平台的容量问题，IoT 平台通常会设置终端设备 IP 地址的有效时间。如果终端在这段有效时间内没有与 IoT 平台发生数据交互，那么终端的 IP 地址将被删除，同样会导致下行控制指令无法下发。针对下行实时控制业务保活业务，心跳周期应小于 IoT 平台 IP 保活时间，且大于 120min。

8.3 NB-IoT 模组固件升级

因模组功能更新或不同固件所支持的功能不同，故需要通过升级或更改模组固件来满足现有场景的需求。模组固件的升级分为本地升级和远程 FOTA 升级两种，本地升级是通过模组的主串口利用专用的升级工具来烧录固件实现的，远程 FOTA 升级是由物联网平台通过 NB-IoT 网络下发模组固件进行差分升级。下面将以移远通信模组为例，详细介绍这两种升级方法的具体操作步骤。

8.3.1 本地升级

1. 实验准备

（1）软件准备

模组固件：向模组厂商获取升级所需要的模组固件。

升级工具：安装 UEUpdaterUI-3.11.0.5.msi。

（2）硬件准备

安装完天线和 NB-IoT 专用 SIM 卡后，将多功能跳线帽切换到 PC 调试模式，如图 8-1 所示，再通过 Micro USB 线将 EVB_M1 主板连接到计算机的 USB 接口上，打开电源开关给 EVB_M1 主板通电。此时打开计算机的"设备管理器"窗口，在端口列表中可以看到 PC 与 EVB_M1 主板连接的端口号，如图 8-2 所示，EVB_M1 主板的端口号为 COM32。

> **注意**
>
> 不同的 EVB_M1 主板，在不同的计算机上，所获取到的端口号可能不一致。

图 8-1　跳线帽连接

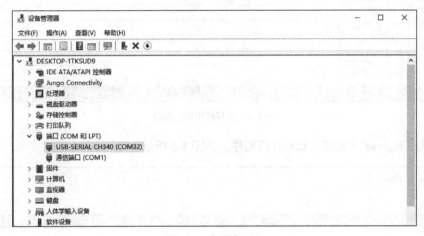

图 8-2　查看端口号

2. 升级过程

（1）打开 UE Updater，进入图 8-3 所示的 UE Updater 界面。

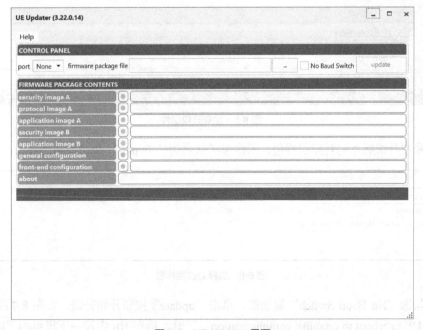

图 8-3　UE Updater 界面

（2）选择模组的主串口去升级固件，如图 8-4 所示。

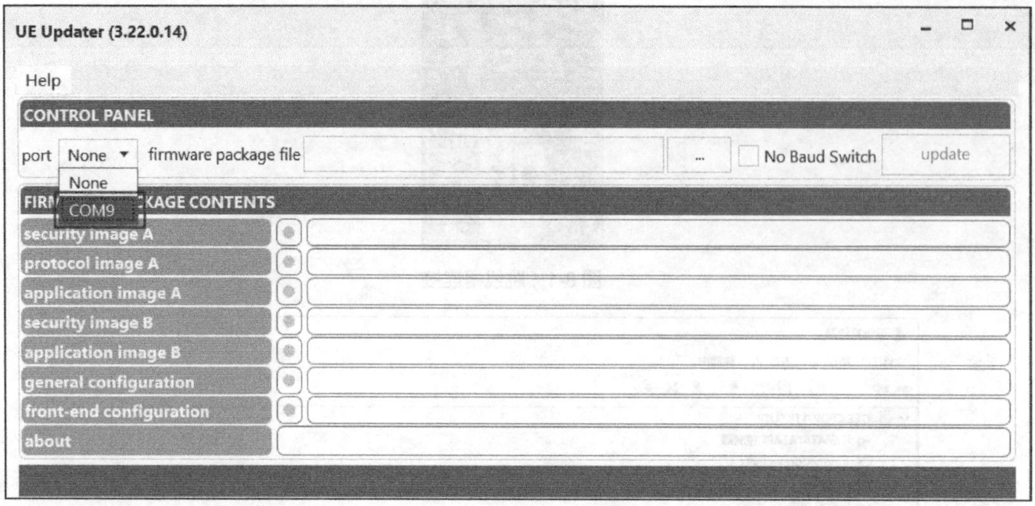

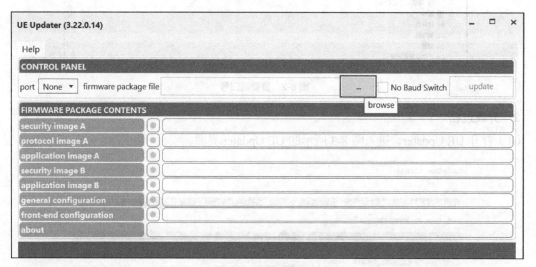

图 8-4　选择模组的主串口

（3）单击"browse" 按钮，加载升级固件，如图 8-5 所示。

图 8-5　加载升级固件

（4）选择要升级版本的对应固件包，固件包扩展名为".fwpkg"，如图 8-6 所示。

名称	修改日期	类型	大小
BC35GJBR01A05.fwpkg	2018/11/26 10:36	FWPKG 文件	1,076 KB
messages.xml	2018/10/31 11:14	XML 文档	15,977 KB
Quectel_BC35-G-JB_Firmware_Releas...	2018/12/1 16:59	PDF 文件	756 KB

图 8-6　选择对应固件包

（5）仅勾选"No Baud Switch"复选框，单击"update"按钮开始升级。如图 8-7 所示，当出现 "Waiting for UE to reboot to establish communication…"时，请在 10s 内按一下模组的"Reset"按钮。

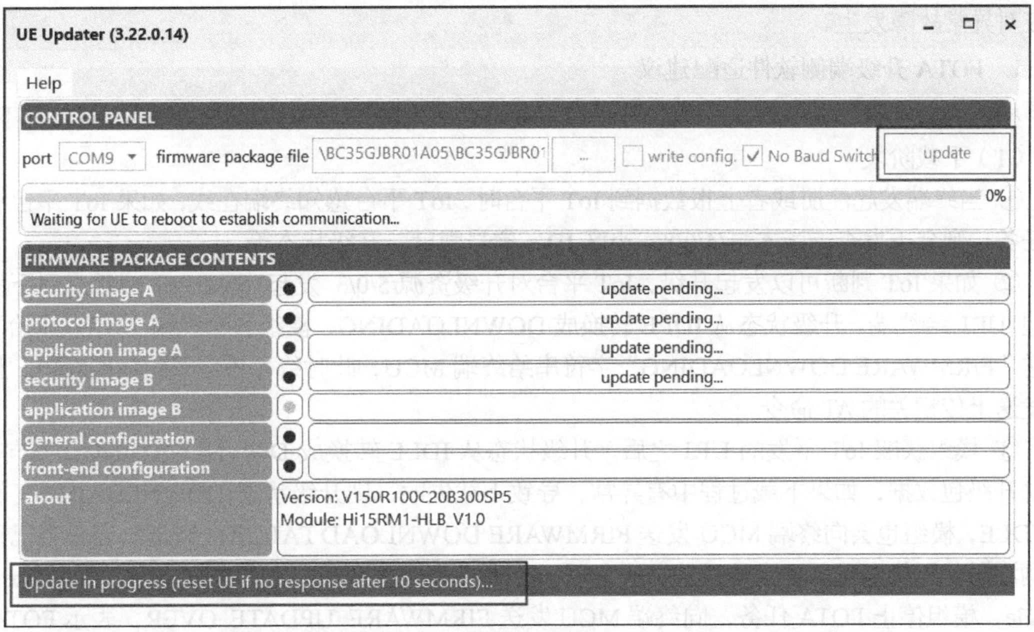

图 8-7　开始升级

（6）如图 8-8 所示，当提示"Update complete"时表示固件升级完毕，重启模组后发送 ATI 指令即可查看到升级后的固件版本。

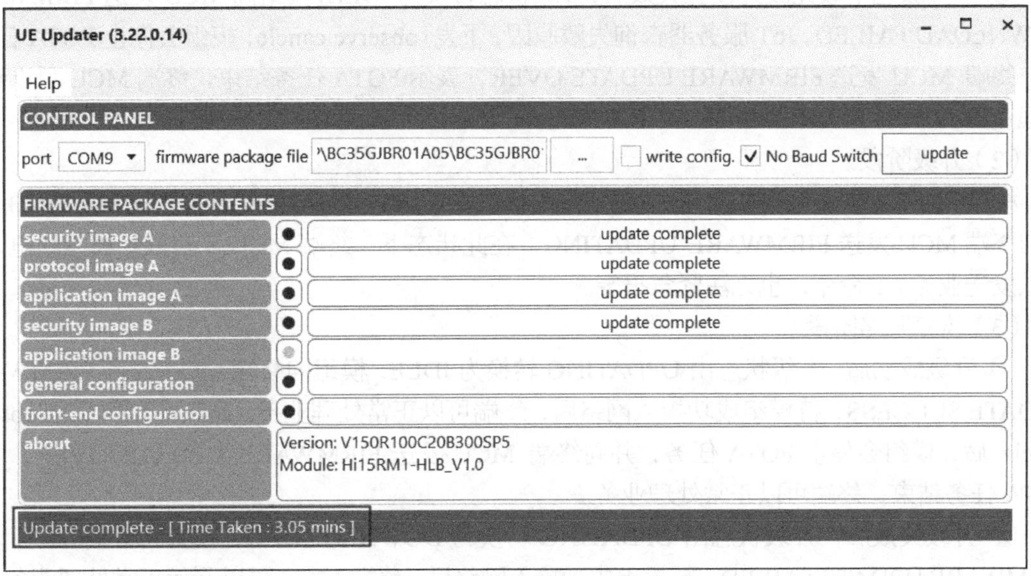

图 8-8　升级完毕

8.3.2　远程 FOTA 升级

FOTA（Firmware Over-The-Air）通常译为固件无线更新或空中固件升级，用于无线终端的升级，包括软件更新、固件更新和设备管理等功能。使用远程 FOTA 方式升级固件时，可以采用传输差分包的形式来减小升级包的大小，该形式具有缩短空口传输时间、降低终端功耗等优势。

由于 NB-IoT 应用数量巨大、场景复杂，终端设备必须适配 FOTA 功能，以支持新特性升级或者应对异常故障发生。

1. FOTA 升级端侧软件适配建议

根据 FOTA 特性，针对从下载、升级和恢复网络三个阶段动作的端侧软件适配建议如下。

（1）下载阶段

① 当终端发起注册或者上报数据到 IoT 平台时，IoT 平台感知终端在线，如果 IoT 平台有升级任务，则会下发查询版本号/4/0/8、小区 ID、信号强度、升级状态等。

② 如果 IoT 判断可以发起升级，IoT 平台对升级资源/5/0/3 发起 observe。成功之后下发升级包 URI 给终端。升级状态从 IDLE 转换成 DOWNLOADING，模组通知终端 MCU 开始下载发送 "FIRMWARE DOWNLOADING" 字符串给终端 MCU，此时终端不应该给模组断电，且不能发送上传相关的 AT 命令。

③ 模组获取 IoT 下发的 URI 之后，升级状态从 IDLE 转换成 DOWNLOADING，并向 IoT 请求升级包数据，如果下载过程中有异常，导致下载失败，则升级状态 DOWNLOADING 转变为 IDLE，模组也会向终端 MCU 发送 FIRMWARE DOWNLOAD FAILED。此时，若设备已正常联网注册，则终端可以正常处理业务。之后 IoT 服务器下发/5/0/5 查询失败原因，下发 observe cancle，模组停止 FOTA 任务，向终端 MCU 发送 FIRMWARE UPDATE OVER，表示 FOTA 任务结束，MCU 可以正常处理业务。

④ 当升级包下载完成并校验成功后，升级状态由 DOWNLOADING 转换为 DOWNLOADED，模组向终端 MCU 发送 FIRMWARE DOWNLOADED，MCU 此时可以发送上行数据。

⑤ 当升级包下载完成并校验失败后，升级状态转换为 IDLE，模组向 MCU 发送 FIRMWARE DOWNLOAD FAILED，IoT 服务器查询失败原因，下发 observe cancle，模组会停止 FOTA 任务，并向终端 MCU 发送 FIRMWARE UPDATE OVER，表示 FOTA 任务结束，终端 MCU 可以正常处理业务。

（2）升级阶段

校验完成，IoT 下发升级命令/5/0/2，升级状态由 DOWNLOADED 转换为 UPDATING，模组向终端 MCU 发送 FIRMWARE UPDATING。在此状态下，终端 MCU 不可以给模组断电，不可以发送业务 AT 命令，也无法紧急报警。

（3）恢复网络阶段

① 升级成功后，升级状态由 UPDATING 转换为 IDLE，模组向终端 MCU 发送 FIRMWARE UPDATE SUCCESS，待模组成功接入网络后，终端可以正常处理业务。IoT 服务器下发 observe cancle 后，模组会停止 FOTA 任务，并向终端 MCU 发送 FIRMWARE UPDATE OVER，表示 FOTA 任务结束，终端可以正常处理业务。

② 升级失败后，升级状态由 UPDATING 转换为 DOWNLOADED，模组向终端 MCU 发送 FIRMWARE UPDATE FAILED，待模组成功接入网络后，终端 MCU 可以开始正常处理业务。之后 IoT 服务器查询失败原因，下发 observe cancle，模组会停止 FOTA 任务，并向终端 MCU 发送 FIRMWARE UPDATE OVER，表示 FOTA 任务结束，终端 MCU 可以正常处理业务。

2. FOTA 升级流程设计参考

下面参照 LwM2M 的协议标准，给出一个基于 IoT 平台和 NB-IoT 的 FOTA 升级流程设计参考，实际项目中可以结合平台的 FOTA 对接要求、终端和模组软件进行适当的适配优化。

FOTA 特性从终端 MCV、NB 模组、IoT 平台到应用系统的详细交互流程如图 8-9 所示。

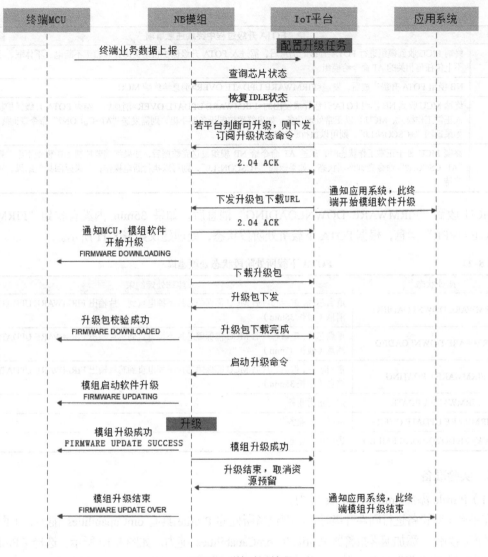

图 8-9 详细交互流程

3. FOTA 升级过程中终端 MCU 的注意事项

（1）FOTA升级所使用的差分升级包需要从模组厂商处获取。

（2）FOTA 升级重启后，模组中的配置有可能恢复出厂设置，因此终端需要在 FOTA 升级结束后重新对模组进行初始化配置。

（3）FOTA 升级过程中终端对模组进行断电、重启、休眠等操作，会造成模组 FOTA 升级失败，且无法支持断点续传。在 FOTA 升级过程中，终端需要终止业务，禁止向模组发送 AT 命令，禁止对模组断电、重启、休眠模组等操作。

FOTA升级过程中芯片和终端 MCU 的交互信息如表 8-10 所示。

表 8-10 　　　　　　　　　 FOTA升级过程中芯片和终端 MCU 的交互信息

序号	FOTA 升级过程中终端注意事项
1	NB 模组收到 IoT 平台模组升级消息，发送<FIRMWARE DOWNLOADING>消息通知终端 MCU，NB 模组要开始自身软件升级

续表

序号	FOTA 升级过程中终端注意事项
2	终端 MCU 收到模组进行 FOTA 升级的消息后,需进入 FOTA 升级保护状态,即保障模组不断电、不休眠、不发送及不上传任何相关的 AT 命令给模组
3	NB 模组 FOTA 升级完成后,发送<FIRMWARE UPDATE OVER>消息给终端 MCU
4	终端 MCU 收到 NB 模组 FOTA 升级完成发出的<FIRMWARE UPDATE OVER>消息后,结束 FOTA 升级保护状态,进入正常工作模式,MCU 可以正常处理业务;如果终端控制设备要下电,则需发送 "AT+CSCON?" 命令查询终端状态,如果返回 "+CSCON:1,0",则可以执行断电操作
5	终端 MCU 处于正常工作状态时,通过 AT 命令给 NB 模组发送完数据后,如果终端要控制 NB 模组下电,则需发送 "AT+CSCON?" 命令查询终端状态,如果返回 "+CSCON:1,0",则可以执行断电操作;如果返回其他结果,则需继续等待

MCU 收到 "FIRMWARE DOWNLOADING" 消息后,如果 35min 内没有收到 "FIRMWARE UPDATE OVER" 消息,根据 FOTA 下载所处阶段状态,处理建议如表 8-11 所示。

表 8-11　　　　　　　　FOTA 下载所处阶段状态处理建议

所处状态	终端处理约束
FIRMWARE DOWNLOADING	重启芯片,重启芯片后 MCU 需保障芯片不掉电直到芯片输出 FIRMWARE UPDATE OVER 消息(最长 35min)
FIRMWARE DOWNLOADED	重启芯片,重启芯片后 MCU 需保障芯片不掉电直到芯片输出 FIRMWARE UPDATE OVER 消息(最长 35min)
FIRMWARE UPDATING	重启芯片,重启芯片后 MCU 需保障芯片不掉电直到芯片输出 FIRMWARE UPDATE OVER 消息(最长 35min)
FIRMWARE UPDATE	进行正常业务
FIRMWARE UPDATE OVER	进行正常业务
FIRMWARE DOWNLOAD FAILED	进行正常业务

4. 实验准备

（1）Profile 添加 omCapabilities 能力

在平台上对设备进行固件升级时,需要设备所处的 Profile 具有 omCapabilities 能力,下面以烟雾报警器产品为例,添加烟雾报警器 Profile 的 omCapabilities 能力。如图 8-10 所示,选择 "Profile" 选项,启用 "固件升级" 功能,单击 "提交" 按钮,完成 omCapabilities 能力的添加。

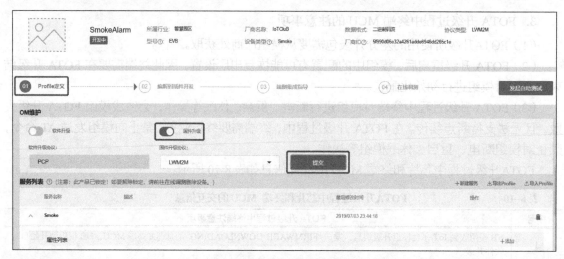

图 8-10　添加 omCapabilities 能力

提交配置后在 Profile 中会自动添加固件升级相关的服务和属性，如图 8-11 所示。

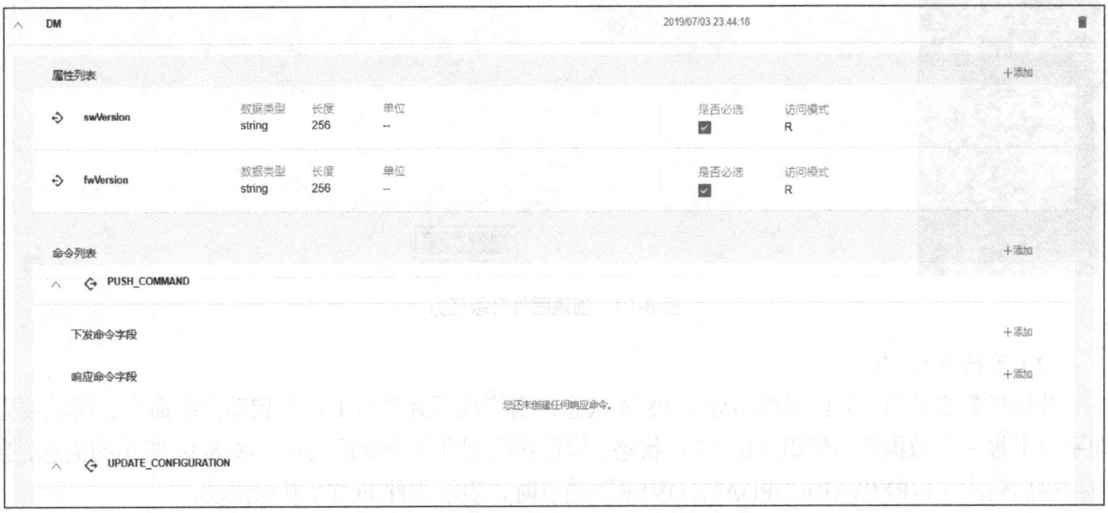

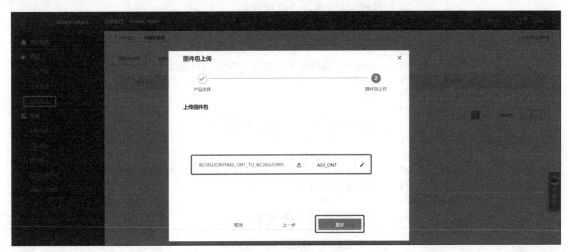

图 8-11　自动添加固件升级相关的服务和属性

（2）上传升级包

NB-IoT 模组的升级包一般由模组厂商提供，且升级包需要与模组当前的固件版本匹配，模组的固件版本可通过对模组发送"ATI"指令获取。此处以模组当前的固件版本为"BC35GJCR01A02_ONT"为例，向模组厂商索取升级到"BC35GJCR01A03_ONT"版本的固件。接下来需将固件升级包上传到平台上，如图 8-12 所示，首先进入开发中心，选择"升级调试"选项，再选择"升级包管理"选项，选择"固件包管理"选项，单击"上传未签名的固件包"按钮，进行"选择产品"和"选择升级固件并命名版本号"操作，单击"提交"按钮，完成升级包的上传。

图 8-12　上传固件升级包

5. 升级过程

（1）创建升级任务

在升级调试中创建固件升级任务，如图 8-13 所示，根据提示填写任务信息、选择对应的产品、升级固件及设备。

图 8-13 创建固件升级任务

（2）等待升级完成

升级任务启动后，若此时模组处于 PSM 状态，则将收不到平台下发的启动升级命令，所以要先向平台上报一条数据显示模组退出 PSM 状态，模组接收到升级命令后会输出图 8-14 所示的消息，当模组最后输出"FIRMWARE UPDATE OVER"消息时，表示固件 FOTA 升级成功。

```
1 FIRMWARE DOWNLOADING
2
3 FIRMWARE DOWNLOADED
4
5 FIRMWARE UPDATING
6 ??
7 Boot: Unsigned
8 Security B.. Verified
9 Protocol A.. Verified
10    Apps A...... Verified
11    Boot: Unsigned
12    Security B.. Verified
13    Protocol A.. Verified
14    Apps A...... Verified
15
16    REBOOT_CAUSE_SECURITY_FOTA_UPGRADE
17    Neul
18    OK
19
20    FIRMWARE UPDATE SUCCESS
21
22    +QLWEVTIND:0
23
24    +QLWEVTIND:3
25
26    FIRMWARE UPDATE OVER
```

图 8-14 模组升级输出的消息